"鱼缸"系列书籍

上海交通大学 硕士教材

U0192421

设计

Design
Psychology

心理学

戴力农/主编

电子工业出版社·

Publishing House of Electronics Industry

北京·BEIJING

内 容 简 介

设计将极大地关注人与人、人与物,以及人与社会的连接,要想设计出好产品,必须学习设计心理学。本书详细地介绍了设计师需要了解的心理学知识,包括用户的需求、群体行为、个体行为、认知心理学与交互设计、态度、用户心理模型、环境与行为等,从各个方面帮助设计师了解人们的认知规律、深层需求、内在动机,从而创新设计。本书还介绍了设计心理学的实用研究方法,包括观察法、访谈法、实验法、问卷法和可用性评估。最后,本书提供了两个不同设计方向的教学案例,介绍如何在设计中通过设计心理学的方法辅助设计。

设计心理学可以帮助设计师理解用户需求,利用心理学原理引导用户,也是设计调研的知识基础。本书可以作为高等教育设计学科的专业教材,也可以作为各类设计专业的从业人员的参考书。

图书在版编目(CIP)数据

设计心理学 / 戴力农主编. —北京:电子工业出版社,2022.3
("鱼缸"系列书籍)
ISBN 978-7-121-42880-7

Ⅰ. ①设… Ⅱ. ①戴… Ⅲ. ①工业设计－应用心理学 Ⅳ. ①TB47-05

中国版本图书馆 CIP 数据核字(2022)第 021995 号

责任编辑:孙学瑛　　　　　　特约编辑:田学清
印　　刷:北京虎彩文化传播有限公司
装　　订:北京虎彩文化传播有限公司
出版发行:电子工业出版社
　　　　　北京市海淀区万寿路 173 信箱　　　　邮编:100036
开　　本:720×1000　　1/16　　印张:20.25　　字数:384 千字
版　　次:2022 年 3 月第 1 版
印　　次:2025 年 1 月第 7 次印刷
定　　价:79.00 元

凡所购买电子工业出版社图书有缺损问题,请向购买书店调换。若书店售缺,请与本社发行部联系,联系及邮购电话:(010)88254888,88258888。

质量投诉请发邮件至 zlts@phei.com.cn,盗版侵权举报请发邮件至 dbqq@phei.com.cn。

本书咨询联系方式:010-51260888-819,faq@phei.com.cn。

致敬！未来

因为我们的过去，即使辉煌，也已经过去

致敬！过去

因为你们的未来，即使平淡，却也风风火火地奔来

前　言

互联网将物理世界的距离"缩短"，让人可以"连接"更远的人、组织，从门户网站到微博，数字媒体的效应像盛宴的烟火表演一般绚烂。物联网，从表面上看，在连接物体，实际上，同时打通了人与物体的连接，将原来的非物质的互联网产品与物质世界连接在一起。

世界正在不断地走向"连接"。但人们真的在"连接"吗？人们以为谁都可以向互联网上上传信息，以为互联网可以带来真相，但后真相时代显示，技术和社交媒体不仅没有让个体更多地接收真实信息，反而因为人们的"自然选择"，使个体更多地留在与自己相同的人那里，听到更多同样的声音，从而失去接触多元事物的可能性。最终，情绪引导民意，影响力远超事实，"连接"可能导致了个体之间，个体与群体之间的信息孤立，如信息茧房。"新冠肺炎疫情"更加速了这一趋势，病毒带来的不仅是对人类身体的伤害，还导致了个体社交的隔离，以及群体社交的疏远，让人类这个以群体竞争力在自然界胜出的物种，走向了反面。

仅仅数十年，人们感知、接触、影响世界的方式一直在变，人与人、人与物、人与组织、人与自然的关系都在变化。到如今，在人类社会与文明面临技术和病毒的交替影响下，人性更加多元化，设计更是面临着巨大的挑战。从体验经济开始、用户体验兴起，设计师开始学习传统的心理学知识，从人们行事的底层逻辑、认知规律、深层需求、内在动机着手，才能真正地创新设计。

目前很多设计师没有时间安静下来系统地学习，这让人想到王阳明弟子的一句话，"此学甚好，只是簿书讼狱繁难，不得为学。"我们援引王阳明的话作为回答："尔既有官司之事，便从官司的事上为学，才是真格物。""事上练"才是在这个多元交纵时代唯一可行的学习方式。本书也是我们"事上练"的成果之一。

本书是"鱼缸"系列书籍中的一本。

鱼缸，始于上海交通大学校友，后发展为一个各行业从事产品和用户体验相关工作的优秀人才的社群，成立于 2009 年，以布道用户体验理念与思维、传授与交流体验创新相关方法体系及实践应用工具、赋能各行业体验事业成长并促进产学研发展为目标。

本书由创作者均为一线高校老师和一线设计师，通过创作者系统学习后的心得，精心挑选了一些设计师需要懂得的心理学知识，并结合大量的实战案例，希望通过从"事"上练出来的心得，将浩瀚的心理学知识梳理出一个清晰的脉络，帮助设计师成长，并认清这个复杂而不确定的世界。

在此介绍一下各章节的撰写人，希望读者通过此书可以了解我们。以下按照章节顺序介绍：

第 1 章 "了解心理学" 撰写人王晓玲，上海交通大学，助理研究员，上海交通大学管理学博士，兼职心理咨询师，注册心理咨询师。

第 2 章 "设计与心理学" 撰写人陈世栋，博士，扬州大学讲师、工业设计系主任。曾参与编写和出版工业设计教材 3 部，发表专业和教学论文 40 余篇，主要从事设计学和工业设计相关领域的教学与研究工作。主持过工业、医疗、生活消费等产品的工业设计。

第 3 章至第 5 章 "用户需求" "群体行为" "个体行为" 撰写人戴力农，博士，上海交通大学设计学院设计系副教授、硕士研究生导师；同时他也是设计师社群 "鱼缸" 的创始人，主持国家社科（艺术类）基金，擅长人类学人种志用户调研、空间体验设计；编著书籍 12 本，主编的另一本，也是 "鱼缸" 系列书籍之一，即《设计调研》，出版 7 年重印 26 次。

第 6 章 "认知心理学与交互设计" 撰写人李迦南，上海太翼健康科技有限公司产品经理，本科毕业于上海交通大学，《设计调研》和《用户心理与交互实践》的联合作者。

第 7 章 "态度" 撰写人有两人，7.1 节和 7.2 节的撰写人是李力耘，7.3 节的撰写人是李文锦。

李力耘，现在日本德勤从事商业和数字化咨询，为客户提供数字化转型、IT 组织变革的推动方案。曾在三星上海设计所等公司担任用户研究主管，负责设计概念和用户研究。毕业于复旦大学心理学系，日本一桥大学 MBA。

李文锦，哔哩哔哩电商事业部设计总监，上海交通大学工业设计硕士毕业，有近 10 年用户体验从业经验；还是上海交通大学设计实践导师，UXPA 2019 优秀分享嘉宾；具备丰富的设计和管理经验，在设计的商业化赋能方面有深刻的理解和洞察。

第 8 章 "用户心理模型" 撰写人赵辰羽，中国移动通信有限公司研究院设计师，硕士毕业于清华大学。

第9章"环境与行为"撰写人黄维达,上海视觉艺术学院环境设计讲师,艺术学硕士毕业于同济大学,美国华盛顿大学交流学者;从事环境设计教学15年,于2015年成立运算化设计工作室,专注数字化设计与建造、复杂形态设计与加工的相关教学、科研、技术开发及项目运用。

第10章"用户调研"的撰写人分小节介绍:

10.1"观察法"和10.2"访谈法"的撰写人是戴力农,简介同第3章至第5章撰写人的介绍。这两节的案例均来自上海交通大学设计学院设计系设计调研课上的课程作业"大学生第二外语学习情况的调查",作者徐伊萌等,介绍见10.4节。

10.3"实验法"撰写人为两人:周莜和朱若瑜。

周莜,腾讯高级体验设计师,硕士毕业于上海交通大学。其主要工作成果是:主导腾讯 DMP 数据产品,腾讯视频号互选广告产品,腾讯合约广告运营系统。

朱若瑜,腾讯高级产品体验设计师,毕业于香港中文大学,深耕 ToB 产品设计5年,负责过10+广告系统设计,擅长将用户研究与数据分析运用到设计中。

10.4"问卷法"撰写人为两人:徐伊萌和夏雨平。

徐伊萌,阿里巴巴集团控股有限公司高级产品经理,负责淘宝 App 前台部分营销工作;硕士毕业于上海交通大学,学习期间师从戴力农老师,主要研究方向为用户体验及用户研究,以人种志的方法,致力于生活形态研究及其在网络产品设计领域的探索创新。

夏雨平,就职于上海精进市场营销策划咨询有限公司,大专。

10.5"可用性测试"撰写人韩挺,上海交通大学设计学院副院长,教授,博士生导师,教育部国家级青年人才,上海浦江人才计划入选者,宝钢优秀教师,担任教育部工业设计教学指导分委会委员;承担多项国家及省部级课题,获上海市教学成果奖一等奖。

10.6"用户画像法"撰写人王冠男,UXRen 社群执行会长,于美国德克萨斯农工大学获得市场学学士学位和工商管理硕士学位,精耕体验研究、市场研究、数据分析、设计和营销咨询等。

第11章"产品设计中的应用案例:抖音产品分析研究"来自上海交通大学《设计心理学》课程的作业。撰写人也是小组作业的组长:凌闻元,上海交通大学设计学院设计系,研究生二年级,曾获2019—2020年度上海交通大学"三好学生"、中国高校计算机大赛移动应用创新赛全国一等奖等。

第 12 章 "环境艺术设计中的应用案例——上海交通大学徐汇校区设计调研" 由上海交通大学设计学院设计系 2019 级视觉传达设计（环境设计方向）的李思扬（组长）、吴桐、王一凡、郭一娴四位本科生，于 2020 年在设计调研课上完成的作业，指导老师为戴力农。最终书稿撰写分配为李思扬撰写了 12.1 节～12.7 节，吴桐撰写了 12.8 节～12.9 节，王一凡撰写了 12.10 节～12.12 节，郭一娴撰写了 12.13 节～12.14 节。

在优秀的作者团队之外，还有一个特别需要提到的隐身"教练"——本书编辑孙学瑛老师，在书的完成过程中，她是那个拿着鞭子的人，不断地"挑毛病"，让我们又爱又恨！终于，在她的严格要求下，我们捧出了一本高质量的书，余下的时光，只有对她的感谢又感谢。

作为"鱼缸"系列书籍之一，本书以介绍设计师需要了解的心理学知识为主，如果需要将用户体验方面做得更精准，还需要走到真实用户的身边进行设计调研。所以，想对用户体验有更深入需求的设计师或学生，还可以通过"鱼缸"系列书籍的另一本《设计调研》来进一步成长。同时欢迎读者通过电子工业出版社或者"鱼缸"公众号与我们交流。

戴力农

2022 年立春 于上海交通大学

读者服务

微信扫码回复：42880

- 加入"体验/设计"读者群，与更多同道中人互动
- 获取【百场业界大咖直播合集】（持续更新），仅需 1 元

目　录

第 1 章 了解心理学

✍ 案例一：

有个叫张三的解差，押送一位生性狡猾的和尚，张三为避免途中出现闪失，每天早晨把所有重要的东西全部清点一遍。他先摸摸包袱和官府文书，再摸摸和尚的光头和自己。他每天都是这样清点的，和尚灵机一动，想到了一个办法。晚上，和尚劝他多喝几杯，提前祝他押送有功，于是，他因高兴而喝醉了。和尚找了一把剃刀，把张三的头发剃光，连夜逃跑了。第二天，张三酒醒了，开始清点包袱和官府文书，忽然在镜子中看见自己的光头，心想：噢，和尚也在。但马上又迷惑了：和尚在，那么我在哪里呢？

✍ 案例二：

两个秀才一起去赶考，路上他们遇到了一支出殡的队伍。看到那口黑乎乎的棺材，其中一个秀才心里立即"咯噔"一下，心想：完了，真触霉头，赶考的日子居然看见一口棺材。于是，这个秀才的心情一落千丈，走进考场后那口"黑乎乎的棺材"一直在他心中挥之不去，结果，文思枯竭，名落孙山。另一个秀才也同时看到了这口棺材，一开始心里也"咯噔"了一下，但转念一想：棺材，棺材，噢！那不就是有"官"又有"财"吗？好，好兆头，看来今天我要鸿运当头，一定高中了。于是他十分兴奋，情绪高涨，考试时文思如泉涌，果然一举高中。

✍ **案例三:**

在桑代克的动物实验中有一个著名的迷笼实验:将饥饿的猫多次放入迷笼中,笼外放着食物。猫进入迷笼,本能地做出许多反应,偶尔触动了迷笼的开关,把迷笼打开,得到了食物。数次之后,猫在笼中的紊乱动作将逐渐减少。最后,猫一进入迷笼就立即触动开关,获取食物。

上述三个案例看起来风马牛不相及,但都涉及人怎样认识自己、认识自己的情绪和怎样学习等问题,分别展示了心理学的基本理论、应用心理学,以及受社会多元化发展、多学科交叉融合挑战而拓宽的心理学新兴研究领域。现代心理学渗入社会生活的方方面面,起着改善生活品质、提高生活质量的重要作用。心理学家不仅要矫治心理缺陷、治病救人,还担当着促进个人与社会发展、帮助人们走向幸福的新使命。

1.1 什么是心理学

心理学（Psychology）是对行为和心理过程进行科学研究的一门科学[1]，涉及知觉、认知、情绪、人格、行为和人际关系等许多领域，也与日常生活的许多领域如家庭、教育、健康等发生关联。心理学内部分支学科具有多样性，但共同的目标是**理解人类行为**。这些分支学科所关注的关于人类行为的一些基本问题如下。

- **人类怎么感觉、理解、学习和思考这个世界**

人类为什么会出现视觉错觉？身体怎样感知疼痛？怎样学习才是有效的呢？实验心理学家就可以回答这些问题。实验心理学研究人类感觉、理解、学习和思考这个世界的过程，它是使用实验的方法研究心理学领域的科学。

- **在整个人生中，人类行为变化和保持稳定的源泉是什么**

第一次微笑、迈出的第一步、说的第一个字等，这些人生发展中具有普遍性意义的里程碑事件对每个人而言都是特殊、独一无二的。发展心理学研究人类从生至死是怎样成长和变化的，人格心理学关注人类行为长期的一致性、人与人有区别的特性。

- **心理因素是怎样影响人的生理健康和精神健康的**

如果你经常感到沮丧，或者总是想克服无法从事正常活动的恐惧，那么你可能需要去看一下健康心理学家或临床心理学家了。健康心理学家研究心理因素和生理疾病之间的关系，如长期的压力如何影响人体健康，并提出改善建议和方法。临床心理学家则关注人类心理失常问题的研究、诊断和治疗，主要处理来自日常生活危机中的问

---

[1] 拉瑟斯，瓦伦丁. 当代心理学导引[M]. 尤瑾，等译. 陕西：陕西师范大学出版社，2005.

题，如一段关系的破裂结束或者长期的情绪低落。一些临床心理学家还会研究、调查从心理失常的早期症状到家庭沟通模式和心理失常之间的关系问题。

• **我们的社会关系网络怎么影响我们的行为**

复杂的社会关系网络是很多心理学分支学科的主要研究领域。比如，社会心理学研究人们在受他人影响的情况下怎样思考、感觉和行动；跨文化心理学研究在不同文化和伦理群体内外人类认知和理解及其发生作用的相似和差异所在。

以上可用表 1-1 进行概括。

表 1-1　当代心理学的分支学科

性　质	学 科 分 支	研究领域描述
基础领域	行为神经学	研究行为的生物基础
	生理心理学	研究心理活动的生理基础和脑的机制
	人格心理学	研究人的行为模式
	社会心理学	研究个体和群体的思想、情感、行动怎样被他人影响
	发展心理学	研究人类随着年龄的增长在发展过程中的心理转变
	认知心理学	研究更高级别的思维过程
应用领域	教育心理学	研究教和学的过程，如先天智力和后天学习的关系等
	临床心理学	进行心理失常的研究、诊断和治疗
	咨询心理学	主要关注教育、社会和职业调整等问题
	司法心理学	研究司法活动中的心理规律
	女性心理学	研究性别歧视、男女大脑的结构性差异等
	运动心理学	将心理学应用于运动员活动和训练
	工作心理学	研究和人们工作场所有关的心理活动及其规律
	跨文化心理学	研究在不同文化和伦理群体中心理学发生作用的相似性和差异性

1.2 心理学的过去、现在和未来

1.2.1 心理学的哲学起源

德国心理学家艾·宾浩斯曾说："心理学虽有一长期的过去，但仅有一短期的历史。"也就是说，心理学既是一门古老的学问，又是一门年轻的科学。说它古老，因为心理学的前身可以追溯到人类早期的历史，即两千年前的古希腊时代。心理学的英文 Psychology 由希腊文的灵魂和学问两个字源组成，即"灵魂之学"。尽管亚里士多德在《灵魂论》一书中曾对心理进行过描述，但是他把人的心理看作灵魂，并认为动物和植物也有灵魂。直到 16 世纪末，德国哲学家葛克尔首次用"心理学"这个词来标明他的著作。在德国哲学家沃尔夫于 1732 年出版《理性心理学》、1734 年出版《经验心理学》后，"心理学"这一名词才得到公认和流行。但当时心理学没有形成一门独立的科学，仍属于哲学范畴。几千年来，心理学一直是哲学的一部分，哲学也被称为"心理学之父"；在此意义上讲，心理学又是一门很古老的科学。

心理学的研究对象问题即本体论问题，核心在于如何理解心的问题。在心与身、心与物问题上坚持何种理念（如一元论、二元论等）直接影响着心理学家对心理现象及其发生、发展、变化、功能和意义的理解，也影响心理学家在心理学研究中接纳和认定意识（潜意识）或行为充当心理学研究对象的合法性所做的立场说明和理论辩护。

心理学的研究方法问题即方法论问题，核心在于使用何种方法研究心的问题。是直接使用自然科学的概念和方法，还是建立科学的概念与方法；是根据实验抽象和概括规律，还是在社会和文化情境中对人的心理经验进行解释和历史性研究；在关于心理现象的特定解释原则上持哪些主张（如还原论、元素论、整体论、互动论、行为论等）；这些必然影响心理学家采取哪些研究方法和手段（如实验内省、经验观察、直觉描述、移情体验、个人访谈、操作主义、数理统计、生理仪器记录、计算机模拟等）去获取有效的心理学知识。

　　心理学的研究意义问题即价值论问题，核心在于如何看待心理学的作用的问题。该如何对待心理学研究的学术性和实用性之间的冲突，心理学知识是否有助于价值判断或伦理判断，心理学如何在心理学理论研究和心理学治疗干预手段之间进行沟通，同时如何发现和建构心理生活的意义、改善人类的生活质量、增进人类生活的福祉。这其中涉及心理学的事实与价值、学术理想、学术功能和学术命运等重大问题。

1.2.2　科学心理学的诞生及发展

　　到了 19 世纪中叶，自然科学特别是生理学的迅速发展，使科学成果不断涌现，这为心理学从哲学中分离出来成为一门独立的科学创造了有利的条件。1879 年，德国哲学家、生理学家冯特在莱比锡大学建立了世界上第一个心理实验室，把在自然科学中使用的方法应用于心理学的研究；《生理心理学原理》就是他采用科学的实验方法研究心理现象的成果总结。从此，心理学摆脱了对哲学的附庸地位，成为一门独立的科学、一门很年轻的科学、一门正在发展中的科学。心理学的发展历史阶段和流派如表 1-2 所示。

表 1-2　心理学的发展历史阶段和流派

	流　派	时　期	主要代表人物	主要研究问题及观点
哲学心理学	官能心理学	公元前 6 世纪至公元 14 世纪	柏拉图、亚里士多德、奥古斯丁、阿奎那	探讨灵魂的分类及"官能"
	联想主义心理学	公元 14 至 19 世纪	洛克、穆勒、培因	联想是心理活动的基本形式
	感觉主义心理学	公元 14 至 19 世纪	拉美特利、霍尔巴赫	一切心理活动都来源于感觉
	理性主义心理学	公元 14 至 19 世纪	莱布尼茨、康德	重理性，轻感觉经验，强调先天的因素和人的能动性

续表

流　派		时　期	主要代表人物	主要研究问题及观点
科学心理学	生理心理学	19 世纪 30～70 年代	弗卢龙、缪勒	用生理学方法研究感觉等心理现象
	心理物理学	19 世纪 70 年代	韦伯、费希勒	用物理学方法研究感觉
	内容心理学	1879 年到 20 世纪初	冯特、费希纳	用实验方法研究意识内容
	意动心理学	19 世纪末 20 世纪初	布伦塔诺	研究意识的活动或动作
	构造主义心理学	19 世纪末 20 世纪初	铁欣纳	研究意识的要素和构造
	机能主义心理学	19 世纪末 20 世纪初	詹姆士·安吉尔	研究意识的机能
	行为主义心理学	20 世纪初至 60 年代	华生、托尔曼、斯金纳	研究行为
	精神分析心理学	19 世纪末至今	西格蒙德·弗洛伊德	研究潜意识和性心理
	格式塔心理学	1912 年至今	惠特海默、考夫卡、苛勒	主张从整体的动力结构观来研究意识和行为
	人本主义心理学	20 世纪 50 年代至今	马斯洛、罗杰斯	用整体动力学的方法研究健康人的心理
	认知心理学	20 世纪 60 年代至今	纽维尔、西蒙、奈塞	用信息加工的观点研究认知

1.2.3　心理学历史上的著名流派

• 实验心理学

冯特于 1879 年在德国莱比锡大学建立了第一个心理学实验室,研究人的有意识体验,从此心理学从哲学中分离出来独立为一门科学,成为科学心理学诞生的重要标志,也正是实证研究方法的确立才使这门学科成为科学。冯特学医出身,但他对人的感觉、表象、情感及其结合而生的个体经验是怎样形成的等心理学领域非常感兴趣。他仔细观察和测量光、声音、重量等不同种类的刺激,再运用内省法(Introspection)探查自己对不同刺激的反应。所谓内省,即对自己体验的反思,如你现在可以在阅读中稍停片刻,探查一下自己的思想、情感和感觉。冯特把按训练要求做的内省与客观测量相结合的研究方法称为实验的自我观察法。

实验心理学是在实验室控制条件下开展相关研究的心理学，具有一定的可复制性，近年来，据其自身发展表明它更多的是研究心理学的一种方法学，如发展心理学研究中经典的"延迟满足"实验。实验者发给 4 岁被试儿童每人一颗好吃的软糖，同时告诉孩子们如果马上吃掉，只能吃一颗；如果等 20 分钟后再吃，就给吃两颗。有的孩子急不可待，把糖马上吃掉了；而一些孩子则耐住性子、闭上眼睛或头枕双臂做睡觉状，也有的孩子用自言自语或唱歌来转移注意，消磨时光，以克制自己的欲望，从而获得了更多的奖励。研究人员进行了跟踪观察，发现那些以坚韧的毅力获得两颗软糖的孩子，上中学时表现出较强的适应性、自信心和独立自主的精神；而那些经不住软糖诱惑的孩子则往往屈服于压力而逃避挑战。在后来几十年的跟踪观察中，那些有耐心等待吃两颗糖果的孩子，事业上更容易获得成功。实验证明：自我控制能力是个体在没有外界监督的情况下，适当地控制、调节自己的行为，抑制冲动，抵制诱惑，延迟满足，坚持不懈地保证目标实现的一种综合能力。实验心理学的优点在于不仅可以控制额外变量，而且可重复试验。

- **构造主义心理学**

构造主义心理学出现于 19 世纪末的德国，是心理学成为一门独立的科学以后形成的第一个派别，其代表人物是冯特和铁欣纳。在美国，冯特的思想被称为结构主义，因为这种思想强调心理经验的结构。结构主义者们希望把经验分解成一个个基本要素，就像建筑结构中的一块块砖一样，主张研究事物的结构。结构主义认为心理学的研究对象是意识经验，即心理经验的构成元素及结合的方式与规律，并主张心理学应该用实验内省法研究意识经验的内容或构造，找出意识的组成部分及它们如何结合成各种复杂心理过程的规律。

- **机能主义心理学**

机能主义心理学的主要代表人物是美国学者詹姆士，他漫长的学术生涯是在哈佛大学教授解剖学、生理学、心理学和哲学。他坚信只有实践的结果，才是判断思想观点是否正确的标准。他开拓了许多心理学领域，比如将动物行为、宗教经验、变态行为及其他一些有趣的课题纳入心理学研究范围。

- **行为主义心理学**

机能主义很快就受到了行为主义的挑战。行为主义研究的主体是外显的、可观察的行为，其主要代表人物是华生。华生认为，不需要问动物问题，也不需要知道动物在想什么，只需要观察动物对刺激的反应就可以研究动物的行为，了解刺激与反应之间的关系。那么，同样的客观方法为什么不能研究人类呢？华生明确反对内省是心理学研究的科学方法，而采用巴甫洛夫的条件反射概念来解释行为。

- **精神分析心理学**

精神分析心理学也称为精神分析学派，是 20 世纪初奥地利精神病学家西格蒙德·弗洛伊德创立的一门学科。当时精神病学普遍受生物学的影响，对于心理现象的构成、发展及治疗，以工业革命时代流行的机械主义的方式进行。弗洛伊德于 1885 年到巴黎拜精神及人脑科学家沙尔科为师，并受其研究"歇斯底里"的影响，开始了他关于早期或童年创伤经历和情绪病的研究。弗洛伊德创新性潜意识理论的提法在文学、哲学、心理学上都产生强大的效应，一些国家开始了关于心理现象的多方面研究。其理论主要涉及潜意识、心理结构（本我、自我、超我）、恋母情结（俄狄浦斯情结）、创伤理论、心理发展（口腔期、肛门期、性器期、潜伏期、生殖期）、防卫机制、移情、反移情、力比多说与人类本能论等。

- **格式塔心理学**

格式塔心理学诞生于 1912 年，是西方现代心理学的主要流派之一，也是与设计关系非常密切的心理学学科。格式塔心理学由马科斯·韦特墨、沃尔夫冈·苛勒和科特·考夫卡三位德国心理学家在研究似动现象的基础上创立。格式塔是德文"Gestalt"的译音，意为"模式、形状、形式"等，有"动态的整体"之意，因此也被称为完形心理学，完形即整体的意思。它强调经验和行为的整体性，反对当时流行的结构主义元素学说和行为主义"刺激－反应"公式，认为整体不等于部分之和，意识不等于感觉元素的集合，行为不等于反射弧的循环。格式塔学派主张人脑的运作原理是整体的，"整体不同于其部件的总和"。例如，我们对一朵花的感知，并非纯粹从对花的形状、颜色、大小等感官资讯而来，还包括我们对花过去的经验和印象。

- **人本主义心理学**

人本主义心理学兴起于 20 世纪五六十年代的美国，由马斯洛创立，以罗杰斯为代表，被称为除行为学派和精神分析学派外，心理学上的"第三势力"。人本主义心理学和其他学派最大的不同是特别强调人的正面本质和价值，而并非集中研究人的问题行为，并强调人的成长和发展，称为自我实现。其主要理论有马斯洛提出的需要阶梯和自我实现等理论，被当今的设计研究所广泛引入；设计师在分析用户需求时，经常以此为模型探求用户的需求所属的层次。

- **认知心理学**

认知心理学是最新的心理学分支之一，唐纳德·布罗德本特于 1958 年出版的《知觉与传播》一书则为认知心理学取向奠定了重要的基础。它是一门研究认知及行为背后的心智处理（包括思维、决定、推理、动机和情感的程度）的心理科学。这门科学包括了广泛的研究领域，旨在研究记忆、注意、感知、知识表征、推理、创造力，以及问题解决的运作。认知心理学与从前的心理研究取向有两个关键的不同：一是使用系统化的科学方法，拒绝接受内省的研究方式；二是与行为主义心理学不同，认定内在心理状态的存在（如信仰、欲望和动机）。

1.2.4　心理学思想在中国

美国心理学家加德纳·墨菲曾说："世界第一个心理学故乡在中国"。这是一个颇为客观和公正的评价。因为两千年前，在我国思想家遗留下来的著作中就有不少关于心理学的思想。春秋时期的孔子（公元前 551 年—前 479 年）提出："知之者不如好之者；好之者，不如乐之者"（《论语·雍也》），"学而时习之，不亦乐乎"（《论语·学而》）及"因材施教"等诸多观点，已蕴涵现代心理学中的兴趣、记忆和个性差异等问题。战国时期的荀况（公元前 313 年—前 238 年）关于"形具而神生，好恶，喜怒，哀乐藏焉"（《荀子·天论》）的学说阐明了先有身体而后有心理、心理依附于身体的身心观。对于心理与脑的关系，在我国古代也有比较正确的认识。明代医学家李时珍提出"脑为元神之府"的论断，他认为脑是神经中枢，聚集着人的精神。清代著名医生王清任根据大脑的临床研究和尸体的解剖明确指出：灵机、记性不在心在脑，后人称之为"脑髓说"。

中国传统文化主流的儒家学说注重内省。内省，作为一种修身养性、修齐治平的途径与方式，不仅影响了个人修养，也为各学科发展烙上了鲜明的印记，使得中国心理学发展在理论基础、方式和应用上与西方心理学有着本质差别。中国儒家学说特别重视天与人、人与人、人与自己的内在关系，在天人关系方面主要强调天人合一，也有人认为天人相分，但不管是分与合，注重的都是人与自然的和谐，强调在人与自然的互动过程中，人与自然的和谐及心灵的成长。儒家把爱作为人与人联系的纽带，严于律己并施爱于他人，人的心理就是在天、人、己的互动中生成和发展的。这样看来，儒家的内省实质是促进心灵生成质量和水平的重要手段和方式。总之，儒家把人的心理看成一个生成的过程。

儒家的内省重视的是"体"和"悟"。儒家的内省没有分离出研究者和被研究者，研究主体和研究客体是统一的，内省者是内省内容的提供者，也是内省内容的研究者。因为在儒家的学说中，尤其是心性学说，认为天道和人道是相通的，当个人放弃一己之私、一己之欲时，人就能洞晓天道，从而达到对心理的普遍认识的阶段。

因此，中国心理学在儒家学说影响下萌芽，不在于探寻人类心理的内在结构，而是一种完善人格和提高人生境界的手段和方式。内省之于心理学，不是一种研究的方法，而是一种修身养性的途径，这种方法不是应用到少量的被试者身上，而成为普通民众为完善自身而广为采用的一种修身方法，存在于人们的日常生活之中，是中国民众的一种生存方式。

1.3 从心理学走向设计学

作为一门具有很强应用性的学科，设计学在满足人们需要和改善人们生活品质方面起着重要的作用，因此，它与人的心理因素及心理变化具有内在的联系。在家居装修设计时，设计师会充分利用视觉、错觉，比如将高明度的冷色作为背景色使小房间看上去很大，利用不同高度的隔断、家具创造空间的层次感，达到好的设计效果，满足客户要求；好的产品外观设计可以提升人的审美愉悦感和满意感，促进产品销售。设计创作的过程就是一个人的心理分析的过程，好的设计必定是建立在对用户心理全面而到位的分析研究基础之上的。设计过程中，"谁"设计、为"谁"设计都涉及人的心理学问题。

设计心理学是心理学精细化、细分化的发展阶段。设计心理学从心理学的基本概念和理论出发，主要研究使用者心理，借鉴心理学研究方法，深入分析使用者感官体验，进而上升为思维认识、情感设计。设计心理学通常被认为既要研究使用者的心理，又要研究设计师的心理；由于对两者的心理学研究从出发点到结果有较大的差异，本书将使用者作为研究的重点。使用者是具有鲜明主观意识和自主意识的个体，尤其在社会和文明高度发展的现代，二者都具有很强的个性，其心理过程对设计的理念、过程和效果发挥着重要的作用。成功的设计心理学意味着在产品开发、产品营销、产品设计和使用过程中，充分考虑了影响使用者决策、影响使用者使用、可因设计改善的因素。设计心理学正是从特有的学科角度对人的心理满足进行探索的，需要根据使用者需求活学活用、量身定制。

设计心理学是社会心理学的具体化。心理学或研究正常人的心理过程，或研究患者的病态心理，侧重于人的生理性心理研究；设计心理学则侧重于研究使用者和设计者的社会性心理，即在各种因素影响下的、经由设计环节予以强化和美化的以提升人的心理感受的研究，主要研究正常人的心理感受。设计心理学以一般心理学发展为底蕴，从设计学的角度看待心理学，以达成设计者的进步、使用者的满意和可供借鉴的设计产品为最终追求。如果说设计创作行为是在设计创作心理支配下发生的，那么探索设计活动的心理奥秘首先必须建立关于设计创作的行为心理模型，以发挥心理因素对行为的内在动因和支配力量。

设计心理学的发展和探索是对心理学方法的丰富和完善。设计心理学是在现代社会不断进步、文明不断发展过程中出现的全新事物，是在现代心理学发展基础上根据社会生活和社会分工实际发展状况产生的、实践性很强的应用性学科门类之一，关于其归属至今仍有争论。因其研究主体的特点，在设计心理学的发展和应用过程中，可自由运用各种研究方法和研究工具，以促进和激发设计主客体双方进步为目标，成功的设计本身作为可见的产品在更大意义上是载体，而非终极追求目标。

心理学走入设计领域是设计学科发展的必然。社会经济的发展，使得人对物的需求从"必须"转向"选择"，设计从对物的设计，转向对人的设计，从最开始的对人的生理尺度研究，转向对人的心理的研究。在人工智能时代，人类习惯或已经生存在一个与自然物质世界相对应的虚拟世界。为这个独特的人工世界做设计，使设计走入了全新的时代：更新人类认知过程和模式，深入了解设计中人的情感与情绪，根据不同需求制定设计策略，将人的感受、需求和态度映射到物中。对于个体来说，设计走向服务，走向体验；对于个体与个体、个体与群体来说，由于人与人的社会关系被显性化，设计将深入人的内心，管理人在日常生活、工作、社会中的诸多事宜。

✍ 参考文献

［1］柳沙. 设计心理学[M]. 上海：上海人民出版社，2012.

［2］约翰·W. 桑特罗克. 心理学导论[M]. 吴思为，等译. 上海：上海社会科学院出版社，2011.

［3］刘能强. 设计心理学基础[M]. 北京：人民美术出版社，2011.

［4］唐纳德·A. 诺曼. 设计心理学[M]. 北京：中信出版社，2016.

［5］贝丝·莫林. 心理学研究方法：评估信息世界之法[M]. 张明，等译. 北京：中国轻工业出版社，2020.

［6］王伟伟，杨晓燕. 汉唐文化设计基因[M]. 吉林：吉林大学出版社，2020.

［7］佐藤大，川上典李子. 由内向外看世界[M]. 邓超，译. 北京：北京时代华文书局，2015.

［8］格里高利·费希特，艾丽卡·罗森博. 心理学：联系的世界[M]. 高雯，等译. 北京：电子工业出版社，2011.

［9］斯宾塞·A. 拉瑟斯. 心理学[M]. 宋振韶，等译. 北京：中国人民大学出版社，2012.

［10］Darrin Hodgetts. 社会心理学与日常生活[M]. 张荣华，等译. 北京：中国轻工业出版社，2012.

［11］刘华. 自我的体证与诠释：先秦儒家人性心理学思想研究[M]. 山东：山东教育出版社，2012.

第2章 设计与心理学

心理学是研究人类心智的学科。设计师在工作中离不开心理学。因为心理学是人类大脑中的心智模式和反馈机制，决定了设计师在面对一件产品、一项服务或一个界面的时候会做何反应。设计师需要在实践中理解和运用心理学的知识和原则，为用户提供好的体验。

2.1 设计

　　设计是一个不断演进和迭代的概念，人类的设计活动总是随着新技术的应用而不断渗透和影响到社会生活的各个领域。在面对具体的设计对象和设计语境时，其设计活动可能会表现得不一样。从设计活动的一般过程和普遍性目的出发，我们总结出设计活动的一些基本特征：

　　1）从设计的一般性质来看，广义的人类设计属于有目的的活动。设计首先是人"有意而为之"的，设计行为必然伴随着对某种结果的设想和预期。这种预期可以是市场方面的销售目标，也可以是产品使用的效果，或是对某种未来场景的概念设想。设计活动就是在这种设想和预期的指引下展开的。

　　2）从设计的一般指向来看，设计活动是为了实现某种"价值目标"。也可以说，实现某种价值和意义是设计活动的驱动力和方向指引。

　　3）从设计的一般过程来看，设计师的主要工作就是把模糊、抽象的价值目标转化为具体的可指导行动的方案。

　　4）现代设计活动的主要特点表现为"创新"，这主要是因为现代科技与社会生活越来越频繁的"触碰"。前苹果公司设计总监乔纳森·伊维将设计定义为"技术与人的触点"，即设计是在不断创造人与技术的沟通情境。要想创造一个好的"触点"，设计师首先要明确用户需求，将需求转化为功能图谱，进而构建出更符合人性的技术方案。这是一个从"无"到"有"的创造过程。随着技术的不断发展，现在的设计创新将会不断向生产、生活和社会的各个方面深入，应对和解决各种新的问题。

5）设计活动的基本过程可以概括为"设想与计划"（张道一）。具体的设计流程一般包括研究、设想、完善和实施这几个反复迭代的步骤，同时会随着设计目标和设计语境的改变而有所侧重和调整。

6）作为一种社会职业，当代设计主要服务于商业性组织的生产和运营活动。商业设计的伦理要求设计方案能兼顾用户和客户的价值目的，即不仅能够为目标用户创造健康的消费价值（如实用价值、审美价值），还能为客户带来可预期的价值利益（包括经济效益和社会效益）。因此，设计师的职业能力是通过推动创新为用户和客户创造价值得到提高的。

纵观现代设计的发展历史，自工业革命后，人类的社会产能得到惊人的提升，设计就一直扮演着调和技术进步与人类生活的重要角色。在 20 世纪初的工业化阶段，以博朗为代表的家电品牌开始关注产品设计与用户的关系，博朗设计总监迪特·拉姆斯提出"好设计的十条原则"，倡导用优良的设计更好地服务生活；在 20 世纪中后期电子信息化阶段，以飞利浦、索尼为代表的企业致力于探索运用电子信息技术为用户提供更加健康、便利和快乐的生活体验，新产品和新概念不断涌现，像镭射影碟、Walkman等经典产品成为一个时代的共同记忆；到 21 世纪初，人类进入数字和智能化时代，以苹果公司为代表的先锋企业对用户体验的探索又达到了新的高度，像 iPhone 和 iPad等划时代的智能化产品搭载着 iTune 资源平台（见图 2-1）迅速成为数字化生活的新标准，几年之内，人类的日常生活几乎被无处不在的智能数字产品占满了；在 21 世纪最初的十几年里，信息的互联互通不仅为人类的生活带来了很多便利，还产生了亚马逊、阿里巴巴、腾讯等这些领跑企业。

图 2-1　搭载 iTune 的苹果产品

随着我们的生活不断被大数据、信息互联和智能化时代所影响，用户需求、用户体验甚至用户未来的成长、衰老，以及生活的各个方面都将成为设计研究的对象。设计通过技术将会越来越深入地改变我们的生活和社会交往，而设计师也将会负起更多的社会责任和文化责任。

2.2 设计中的心理学应用

2.2.1 设计的洞察：用行为逻辑创造需求

🖋 案例：

> 萨利住在美国亚特兰大，家里有两个年幼的孩子，她的丈夫马修在一家大型软件公司任工程师，负担家中经济。在用钱方面，夫妻二人有个相同的习惯，每次他们都会把消费后找零的硬币放进饼干桶中，等到饼干桶装满了硬币，萨利就会去银行将这些硬币换成纸币。几乎每次去银行萨利都要排队，而银行工作人员也要花很长时间点验硬币，久而久之，萨利不再去银行兑换硬币，但存零钱的习惯依然保持下来。这对她的孩子们来说可是个天大的好事，饼干桶成了他们取之不尽的零花钱来源。①

上述案例告诉我们，人们在心理上是倾向于将余下来的零钱存储下来的，但是兑换纸币的服务却不是那么令人满意，那么能否利用人们存零钱的小习惯来促进银行的业务呢？

美国银行曾经希望能够进一步吸引更多的新客户，但却想不出良策。于是他们找到 IDEO，希望 IDEO 对市场进行深入研究，发现创新的机遇。通过调研，IDEO 发现用复杂的经济学理论包装的理财产品和关于金钱价值的道德说教，是很难大范围改变客户的储蓄习惯的，更有效的方式是将新服务嫁接到客户已有的生活习惯上，

---

① IDEO 官网的案例：美国银行的"零头转存"。

让客户自然而然地顺势而变。在经过无数次讨论、验证和模型制作后，IDEO 帮助美国银行设计了名为"零头转存"的金融服务，如图 2-2 所示。这个创意源自人们日常生活中下意识的存钱行为。"零头转存"服务会在客户消费的时候，自动将借记卡购物金额调高成最接近的整数，并把差额转入客户的储蓄账户。比如每天购买一杯拿铁咖啡花费 3.43 美元，付账时的金额为 4 美元，多付的 0.57 美元自动转入储蓄账户，一个月下来可以存下大约 17 美元，在消费的同时，人们的储蓄额度在不知不觉中迅速自动增加。

图 2-2　美国银行的"零头转存"服务

不到一年的时间，"零头转存"服务吸引了大约 250 万名客户开设了 70 万个支票账户和 100 万个储蓄账户。据美国银行的数据统计，此项服务已帮助客户存下了十亿多美元。由于其独特性和直观性，95% 的客户选择继续使用这项业务。"零头转存"服务成功地解决了如何让客户开设新的支票账户和储蓄账户，继而获得稳定的资金来源，并且在解决这一严峻问题的同时培养了客户的忠诚度。

借用管理学家彼得·德鲁克的话来说，设计师的工作就是"把需要转化为需求"。在日常的生活中，用户总是会遇到各种问题，产生不同程度的不满，也会对未来怀有各种各样的期待，这些都反映了用户内心的需要。用户的需要在遇到某些问题的时候会突然产生，然后又会很快消散，或者潜伏在用户心中成为一些挥之不去的困惑。只有当用户发现或体验到某种产品或服务可以很好地满足自己的需要的时候，这些潜伏的需要才又会闪现出来，如果拥有该产品或服务需要付出的代价符合用户的心理期待，需要就会转化为有明确目标的"需求"。

现在，顾客面对的消费选择越来越多，商家都很关心的问题是：为什么顾客会选择某种产品或服务而不选择其他的呢？为什么一些产品会取得格外的成功，而很多其他的产品却被市场淘汰呢？这些都是将需要转化为需求的问题。对于商家来说，只有当一种大众普遍的需要转化为明确的需求的时候，商业机遇才真正转化为商业价值。这个挖掘和转化的过程就是设计。

在现实生活中，发现人们的内心需要，并引导人们做出选择和改变行为绝非易事。因为人的心理活动往往不会简单清晰地呈现出来，会伴随各种具体的情境因素发生动态的变化。在种种错综复杂的现象中，设计师需要依靠敏锐的洞察力和适合的方法，去发现用户需要和商业资源之间的相关性，通过创新的方式将市场机会转化为商业价值。在美国银行的"零头转存"服务案例中，为了提炼出有效的洞见，IDEO 设计团队花费大量的时间和精力实地考察人们的行为，在具体的情境中与人们进行坦诚的交流，深入了解储蓄对于普通美国人的作用和意义。这些工作都是为了洞悉人们的心理，从而找到设计创新的源泉。

| 2.2.2 用户视角的缺失：技术逻辑的陷阱

技术推动和需求拉动是商业经济发展的两个基本的动力源泉。当新的技术发明楔入适合的应用领域时，常常会产生巨大的社会效益和经济效益。事实上，单凭先进技术获得市场领先的风险是巨大的。每项新的技术和发明，往往都需要大量的前期投入，但想要让技术发明为市场所接纳，就必须要让消费者体验到比现有技术产品有显著优越性的价值。很多最先发明了某项新技术的公司，未必能够在之后的市场上获得领先，因为他们没有在新技术与人的需要之间建构起友好的"触点"。比如，最先发明数码成像技术的是柯达公司，但是他们却没能在数码摄影时代继续保持领先，而施乐公司最先成功研发了多点触屏技术，将其应用在苹果公司的产品上获得了辉煌的成功。这样的例子不胜枚举。

要获得顾客的青睐和商业的成功，仅仅依靠科技领先是不够的。索尼公司的创始人盛田昭夫曾说："仅仅有超凡出众的技术和独特的产品，并不足以维持企业的生存；还必须知道怎么把产品卖出去，也必须事先设法让潜在的买主们都知道产品的真正价值。"企业掌握先进技术不是用来炫耀的，而是用来为顾客和企业自身创造价值的。企业的产品和服务设计只有有效地满足了用户的心理需求，才能争取到成功的市场机会。从这个意义上说，20 世纪初，福特的商业成功不是因为发明了 T 型汽车（见图 2-3），而是创造了一辆一般人也能买得起的实用汽车；20 世纪 30 年代，通用的商业成功不是因为推出了多种类型的汽车，而是针对用户需求层次的丰富性细分市场，提供"满足各类钱袋、各种要求"的汽车策略的成功。[①]

图 2-3　福特的 T 型汽车

2.2.3　设计的核心：创造价值

用户在做选择的时候，会对多种因素进行考虑，这些因素可能包括产品的品质、性价比、美观性、新颖性、实用性、便利性等，但是在实际的消费情境中，人们不会表现得如同机器设备那样机械地评估、计量、比较与核算。面对一件产品或者一项服务，人们的第一反应是情感，这是一种自然的心理活动。著名设计师菲利普·斯塔克曾说："在做设计的时候，我更关心人们渴望赋予一件物品什么样的梦想，而不是考虑很多技术和商业上的细节。"[②]斯塔克设计的产品中销售得最好的就是众所周知的柠檬榨汁机（Juicy Salif），榨汁机按照人们习惯上的理解属于生活实用品，但经过斯塔克之手，该产品的实用功能变成了可有可无的"装饰"，而产品的美学意义却成为用户价值的核心。"Juicy Salif"雕塑一样的外观让人眼前一亮，完全突破了人们传统的形象

---

① 彼得·德鲁克. 管理的实践[M]. 齐若兰，译. 北京：机械工业出版社，2009.

② 英文原文为：*When I design, I don't consider the technical or commercial parameters so much as the desire for a dream that humans have attempted to project onto an object.*

认知，让人思考"榨汁机还可以是这个样子？"这让它跳出了厨房实用品的常规定位，成为一件摆放在家里、体现主人品位的艺术品，与用户产生了精神层面的交流。斯塔克曾风趣地说："对我而言，它主要是件小雕塑，而不是什么有着实质功能的家庭日用品。它存在的真正目的不是去榨千百万个柠檬，而是想让一个新上门的女婿能与岳母有些饭后的谈资。"[①]斯塔克的榨汁机算是一个特殊的例子，至今对这件产品的评价仍然充满争议，但不可否认的是，这个设计通过触动人的情感反应，重塑了产品的用户价值。

如果用户的需求非常明确，那么设计的主要活动就表现为寻求满足需求的解决之道。然而在大多数时候，市场的需要并不会明确地显现出来，而是"潜伏"在纷繁芜杂的各种现象之中。这时候，就需要设计师依靠敏锐的洞察力和科学的方法把握用户的需求特征，将其转化为合适的产品功能组合，进而适合用户的消费模式。

让我们来回顾一下音乐播放设备的发展历程，看看索尼公司和苹果公司是如何发掘和满足用户需求的。

✎ **案例：**

20 世纪 70 年代，在索尼公司的个人便携式磁带放音机 Walkman 问世之前，人们只能在家或者汽车里用立体声录音机收听音乐。通过对生活的观察，索尼公司的创始人盛田昭夫了解到青少年的生活似乎不能没有音乐。一次他的女儿旅行归来，还没有来得及和母亲打招呼，就跑上楼去把一盒磁带放进录音机里。在那个时代，很多年轻人为了欣赏音乐而不肯出门，有的人干脆肩扛录音机走在街上，旁若无人地播放着流行音乐，手舞足蹈。

于是，盛田昭夫构想研发一种便携的、配有轻巧舒适的耳机的音乐播放设备，并将新产品的研发目标用户锁定在青少年群体，当他在产品策划会议上提出这个构想的时候，几乎遭到了所有人的反对，大家并不看好其市场前景。盛田昭夫依靠自己敏锐的洞察力认定这是一个好的创意，他耐心地说服大家接受自己的提议，甚至立誓说如果产品推出当年的销售量不能突破 10 万台，就引咎辞职。在产品的研发过程中，盛田昭夫带领设计小组仔细研究了青少年群体的购买力，将产品的定价限制在 3 万日元以内。

---

① 朱迪思·卡梅尔-亚瑟. 菲利普·斯塔克[M]. 连冕，译. 北京：中国建筑工业出版社，2002.

图 2-4　卡带式录音机

1979 年 7 月，第一台索尼公司研发的个人便携式磁带放音机 Walkman 发售，产品的设计和营销都强调年轻、活力和便携性，在功能上删繁就简，去掉了当时普通录音机（见图 2-4）的录音功能和扬声器，整合了模拟立体声电路和耳机功能。

新产品获得了巨大的成功，在之后的二十多年内，Walkman 成为妇孺皆知的名词，它还开创了耳机文化，甚至有的研究表明，Walkman 的出现改变了整个时代人们对独处的态度，无论是在地铁、公交车还是公园的长椅上，独处成为一种新的生活方式。

之后索尼公司对 Walkman 进行了各种改良，如用色彩来区别男女款式，开发慢跑、雪地、潜水等不同功能的专用随身听，其体积也更轻更薄，这些创新都紧紧抓住了年轻人的心，迎合了年轻用户的心理需求，因此 Walkman 大受欢迎。到 1998 年，Walkman 已经在全球销售约 2.5 亿台。[①]

在经历了多年的辉煌之后，随着数字音乐革命的来临，索尼公司的表现却差强人意。在数字化时代，下载音乐和播放音乐变得更加容易。面对逐渐蔓延的盗版音乐下载，索尼公司并没有鼓起勇气想办法疏导和应对，没有组织有效的正版音乐下载渠道，而是将全部精力放在了防止盗版上，期望通过研发、经营 CD 和 Walkman 播放器来主

---

① 盛田昭夫. 日本造：盛田昭夫和索尼公司[M]. 伍江，译. 北京：三联书店，1988.

David Marshall. 盛田昭夫与索尼公司[M]. 魏克，译. 北京：世界图书出版公司，1997.

宰音乐市场。索尼长期拒绝在自己的产品上支持 MP3 播放格式，这些保守的战略与数字技术时代的用户需求渐行渐远。索尼公司错失了把握用户心理需求的机会，最后将数字音乐的霸主地位拱手让给了苹果公司。

与之相反，自 1998 年苹果公司推出 iMac 以来，一直坚持将数字技术与用户需求进行深度的对接。通过将硬件设备（如产品实体）、软界面（如操作系统）、网络信息服务平台（iTunes）和数字商品资源（如 App Store）进行系统的整合，为用户搭建起一套简单融入数字音乐生活的解决方案。

2001 年，乔布斯满怀自信地推出了新一代数字便携音乐播放设备——iPad，并结合 iTune 平台提供正版音乐下载服务，与传统的购买正版音乐 CD 相比，用户只需花费不多的钱，就可以享受音乐下载和体验服务。这一全新的商业模式充分满足了新时代用户的需要，很快颠覆了传统音乐产业。到 2009 年，iPad 售出约 2.5 亿台，苹果公司只用了八年多的时间就超过了索尼公司二十年完成的销售额。

从索尼公司的 Walkman 到苹果公司的 iPad，通过设计创新为顾客创造价值是不变的成功主题。

2.3 设计心理学的研究范式：量化分析与同理心

2.3.1 "爬山"与"试飞"：两种设计实践

2009 年，设计师道格拉斯·鲍曼（Douglas Bowman）离开了谷歌，他在个人博客上撰文说："我将会怀念在这里认识的那些拥有不可思议的聪明和才智的人们，但我绝不留恋这里严格按照数据之剑决定方案生与死的设计哲学"[①]。在鲍曼看来，作为一家工程师文化浓重的公司，谷歌对基于主观经验的设计没有兴趣，只相信通过测试来完成的设计决策。在谷歌，工程方法和量化实验成为解决问题的唯一方式，即将主观成分和不确定性因素剔除干净，只看准确的数据结果。数据支持设计结果就采用该设计提案，数据显示该设计有消极影响，就让设计师重新设计。

事实上，对于很多互联网公司来说，这早已成为标准流程，即不再去争论设计的好与坏，而是把问题交给诸如 A/B 测试这样的评价方法去解决。鲍曼认为这会导致很多设计决策被不恰当地简化为逻辑问题，于是设计师不再有崇高的信念，其直觉和经验被彻底击垮，大胆、冒险的设计想法被完全否定了。

著名的设计心理学专家唐纳德·A. 诺曼教授区分了两种设计实践的路径。第一种是渐进式的改善（Incremental Improvement），依靠既有的平台基础，通过对产品持续、渐进的改善而逐渐降低成本，提高效率，并逐渐形成稳定的渐进式创新链条。这样的设计实践有助于组织的运营、部件的供货，以及供应链管理，可以保证企业的常

---

① 引自设计师道格拉斯·鲍曼在 2009 年写的博客文章"Goodbye, Google".

年获利，但基本上不会有开创性的设计出现。第二种是突破性产品创新（Breakthrough Product Innovation），即发明新概念、定义新产品、开创新商机，这是创新中有趣的那一部分，但是这样做的风险很大。大部分这样的创新会失败，虽然看起来很有魅力。

唐纳德·A. 诺曼教授进一步指出实验测试的方法是有效的，但却是不完善的。他将数据分析的设计测试方法比作一种优化算法——爬山法。

设想你身在一座不熟悉的山丘上，周围一片漆黑，伸手不见五指。如果你看不见，要怎样爬到山顶呢？你可以测试自己周围的地形，哪个方向的地形是最陡且往上的，就向哪个方向迈一步。重复探寻，直到你周围任一方向都往下行为止[①]。然而在现实中，设计的创新领域是非常宽广的，就像无数座山丘一样，如何才能知道自己处于整片山丘的最高处呢？在数学空间中，计算机可尝试从空间中多个不同的部分同时施行"爬山"算法，并选取所有尝试结果中的最大值，从而避免"局部最大值"问题。这种做法仍然无法保证取到真正的最大值，但能避免被局限在单一的局部最大值上。

如果把渐进式改善比作爬山，那么突破式创新就像是发明飞行器的"试飞"实验，需要冒很大的风险。在历史上，人类的冒险者们曾经尝试搭载风筝滑翔，制造机械翅膀，设计原始的飞行器，甚至用爆竹制造火箭。这些缺乏科学基础的飞行实验都失败了。直到工业革命后，人们运用热力学创造了热气球和飞艇，运用空气动力学的研究成果发明了飞机，并最终试飞成功。在这个漫长的过程中，很多创新者都承担了巨大的经济损失，有的甚至付出生命的代价。但最终的成果却可能是划时代的。

唐纳德·A. 诺曼教授回忆他刚到苹果公司工作的时候，一名工业设计团队的成员向他展示了一款产品的仿制模型，尽管他不知道那是用来做什么的，但在那一刻他感到了一阵情不自禁的兴奋和狂热。正是这次体验让诺曼教授感受到了设计创新的魅力。

设计在现实中要处理的变量类型比一片高低起伏的山丘要更加复杂，首先，用户的需求充满了复杂性和变动性；此外，从产品的设计来说，材料、结构、造型、色彩、质感、风格和细节等因素的组合方式几乎是不可穷尽的。因此要做到完全的方案测试是不可能的。对于现实的设计来说，量化和测试的策略总会受到成本和数据处理能力的约束，这意味着完全取代主观性和不确定性是不可能的。考虑到测试的成本和经济效益，通过测试进行改进的设计只可能达到一个局部上限。测试永远不可能告诉我们，

---

① 译文摘自 Kingofark 的博客文章，内容略有改动。

是否存在更好的方案，也许跳出原来的既定领域，会在另一处发现更高的山丘。

在历史上，主观、感性的研究方法也曾长期压抑着理性、逻辑和量化研究的发展。因为感性的冲动造成的惨痛失败和教训比比皆是。我们不确定那些激进或充满魅力的想法能否获得成功，坚定的信念常常需要非凡的勇气。人们比较倾向于记住那些伟大的成功产品，它们的诞生来自勇于面对各种压力的坚持不懈，事实上，有许多人坚持了，但最终没有获得成功，因此，对于主观的和不确定因素保持怀疑态度也是合理的。

| 2.3.2 用户需求分析中定量与定性方法的关系

设计要为用户创造价值，就必须从了解用户的需要和需求入手。一般来说，需要和需求的外在表现是用户的行为，而内在的动因则是用户的动机和目标。有时候人的需求很明确，动机、目标与行为非常的一致，这时候量化的分析就会比较容易进行，然而在更多的时候，人的需要和需求并不是那么清晰明确，对动机和目标的考察结果与行为上的表现并不一致，这主要表现在以下几方面。

第一，人们对需要和需求的表述总是不完整的，也总会未被表述出来。这些"潜伏"的需要和需求有可能不重要，也有可能很关键，但却由于种种原因没有得到呈现，或者被用户默认为调查者早已知晓而未做出说明。观察法和访谈法在发现这些潜在的需要和需求方面具有很好的优势。

第二，人们对需要和需求的表述常常有错误和前后的不一致。这些偏差可能是因为语言表述本身的模糊性和多义性，或者由调研过程中的各种情境因素造成的，比如，提问的方式、问卷的复杂程度及用户接受调查时的状态变化等。这些细微的影响因素通过量化分析只能得到有限的修正，而照片日记、典型用户访谈等定性研究方法却可以呈现出丰富的细节，挖掘出用户深层次的动机和心理因素。

第三，人的需求会伴随着时间和环境而改变。人的认知和情感都是处于动态变化之中的，在信息化的时代里，这种变化在不断加速。因此对用户的调研需要及时。对于量化研究来说，有时候在有限的时间内获得大量的样本很困难，但结合定性方法常常能较快获得有效的信息。

第四，人的思维和想象会受到已有经验的局限。亨利·福特曾说："如果你问消费者需要什么交通工具，所有人都会说我需要一匹更快的马。"这是因为在那个时代，人们的交通工具只有马车，这样的生活经验把消费者的想象力限制住了。法国设计师伊万·布鲁莱特认为设计师甚至比用户自己更理解用户的需要，比如在室内装修的时候，设计师通常比用户能更好地选择合适的风格，并创造出让用户感觉良好的生活空间。

客观来说，随着计算机技术的发展，量化方法为现在的用户研究和设计创新提供了有力的支持。一般情况下，定量研究会选取大量的样本，用理性的分析和精确的数据来说话。这样的方法对于企业，特别是互联网企业来说，是很有说服力的，而且定量研究的方法在很多方面可以帮助我们从纷繁的现象中发现那些仅凭日常经验和感觉无法察觉的有效洞见。相比而言，定性研究往往样本量较少，表述形式以语言的描述和分析为主，因此会受到人们的质疑。但这并不能否定定性方法的重要价值。

在用户需求的研究中，定量与定性的方法是相辅相成的。一方面，定性推断的结论或假设需要定量方法的测试和验证；另一方面，定量研究给出的数据需要定性分析来解释和归纳。设计的用户需求研究面对的是非常复杂的各种现象的堆叠，其间充满着不确定性和主观因素，同时设计本身也受到成本和时间的约束，这要求研究人员能够根据具体情况选择合适的方法，获得尽可能准确的有价值的结果。设计师不应该把定量方法看作对设计创新的限制，同时也要避免唯数据论的偏狭视角。现实世界是多元化的，研究方法也是多元化的。在实践中，成功的科学研究常常是综合了多种理论和方法的。我们认为，研究人员应该以开放的态度接受不确定性因素的存在，同时对直觉和灵感保持谨慎的欢迎态度。

2.4 复杂性与生态观：互联时代的设计心理学

在传统时代，产品与人、人与人之间的联系通常都受到时空的阻隔，信息的传递存在较大的耗散和延迟。在 21 世纪，随着交通越来越发达和互联网信息化的不断深化，人类社会已经不可逆转地进入全球化时代。2019 年，建立在全球产业链网络基础上的贸易总额达到 40 万亿美元，通过庞大的产业网络把全球人的生活连接在一起。微信、微博等互联网平台和各种 App 帮助人们解决问题，并与他人建立快速、及时的联系和互动。在大数据和人工智能的支持下，人们期待产品能够做到更"懂"自己：产品能主动了解人的喜好、需求，帮人执行任务、创造快乐，甚至管理关系。与此同时，来自各个领域的信息迅速地冲破传统的时空分隔传播并分享，而传统社会中很多原本隐性的、缺席的信息，也逐渐变得显像化和在场化。这些新的变化持续而深刻地改变着我们人类社会的信息生态环境，影响着社会群体的信息选择和偏好，是我们做出设计决策的重要参考变量。因此，对于现在和未来的设计师们来说，必须要了解这个时代信息环境的复杂性，从更高的生态层面挖掘设计的价值，并承担设计师的社会责任。

| 2.4.1　互联网带来深远的影响

从本质上来看，互联网已经重新定义了人与物、人与人、人与社会的时空联系。而在历史上，每次类似的"连接"方式的变化，都会带来经济、文化和社会的巨大改变。

德鲁克曾经将工业革命时期的铁路发明与现在的信息革命进行类比。他认为是铁路而不是蒸汽机在工业革命中扮演了至关重要的角色。因为蒸汽机只是加速了原有的生产速度，并未对社会的未来走向指明方向，而铁路的出现不但"创造了新经济区域"，还彻底改变了人的信息交流视野，拓展了人的"心智地理"。[①]从此以后，城乡的空间距离不再成为人与人、人与物难以逾越的天然屏障，人类有史以来真正具备了流动的能力，普通人因为铁路开阔了视野，从而也改变了观念。法国史学家费尔南·布罗代尔曾经指出，以前的法国是若干独立自主的地区的集群，只有在政治上是团结的。是铁路让法国成为一个国家，并具有了统一的文化。[②]

铁路改变了地区间的社会距离，而数字化和网络则导致"距离的消失"，全球的经济和文化第一次如此复杂而紧密地联系在一起，无论企业、组织或个人，都在不断嵌入这个跨越传统时空区域的巨大网络之中，甚至物理世界和虚拟世界也在不断地走向融合。设计心理学也必须突破传统的视野和既定的方法体系，在不断的学习中提炼知识和洞见。

2.4.2　重塑人与物的连接

✎ 案例：

20 世纪 90 年代，美国的一家汽车公司对新生的互联网售车业务做了详细的研究，结论认为互联网售车对于二手车是一个重要的销售渠道，而对于新车则不然，因为人们买车注重"眼见为实"。十年后的实际情况却和当初的研究结果大为不同：美国大部分的二手车并非在网上销售，而多达一半的新车却是通过网络销售的。

如果我们在事后分析该研究失败的原因，可以发现这种预测的偏差很可能是建立在对"眼见为实"的一般描述和理解上的。按照传统的思维惯性，"眼见为实"必然意味着消费者只有看到实物并亲身体验才会放心购买，但实际上，当消费者在网络平台上面对新车和二手车的时候，其心理上显然会认为新车的质量更加可靠。这是因为每辆新车在生产过程中都通过了标准化的生产流程和规范的测试，而二手车在经过车主的使用之后，对其质量做准确的预测要困难得多。此外，在美国这样的发达国家，一般的中产阶级家庭都拥有两三辆甚至更多的汽车，很多青少年刚年满18岁便拥有了自己的第一辆汽车。这些消费者对于汽车的性能有足够深刻的认识，同时，他们也是伴

---

① 彼得·德鲁克. 下一个社会的管理[M]. 蔡文燕，译. 北京：机械工业出版社，2006.

② 张隆高，张农. 德鲁克论电子商务[J]. 南开管理评论. 2005，5.

随着互联网成长起来的一代人，对网上的商品信息具备熟练的搜索和辨别力。根据汽车销售网站上的图片和文字描述，还有相关的网上评价，他们可以清楚地了解汽车的基本情况。对于熟悉汽车和网络的消费者来说，反而是质量存在不确定性的二手车更需要依靠"眼见为实"和经销商的信誉等具体因素做出购买决策。

影响消费者网上购车决策的更为关键的因素是能否将通畅便捷的线上购买流程与线下安全高效的配套服务体系整合成完善的购车体验，即让整个过程做到充分的人性化。20 世纪 90 年代中期，美国出现了第一代购车网站，这些网站基本上是扮演"信息中介"的角色，收集消费者需求信息并把这些信息卖给经销商，同时，为消费者提供最新的产品信息。这种仅进行车辆介绍和报价的简单商业模式相对稳定，但能够为消费者提供的服务比较有限。之后的 Dave Smith 汽车经销商公司首先迈出大胆的一步，推出了从预付订金到签订销售合同等全部通过网络直接完成的"购车通道"，并借助遍布全美国的经销店和厂商的关系渠道，用最快的速度把新车送到消费者手中。这一策略很快使 Dave Smith 公司的网站点击量迅速攀升，而且在短时间内改变了网上汽车销售的格局，美国的网上汽车销售业务迅速发展。

从设计心理学的角度来看，电子商务依靠功能日趋完善的互联网平台，拉近了消费者与产品的空间距离，从而为市场的供需双方搭建起新的有效"连接"。人们即使相隔千里，也仍然可以以接近于面对面的形式进行交流、购物和交易。随着这种影响的全面扩张，实体经济和虚拟经济的界限已经越来越模糊，电子商务正在加速拓展传统经济的规模，从一开始相对单纯的 C2C（个人与个人之间的电子商务）和 B2B（企业与企业之间的电子商务关系），逐渐拓展到 B2C（企业通过网上商店为消费者提供服务）模式，并进一步兴起了 O2O（将线下商务的机会与互联网结合在一起，让互联网成为线下交易的前台）模式。可见，随着互联网平台上本地化电子商务的发展，信息和实物之间、线上与线下之间的联系变得更加紧密。O2O 模式的蓬勃发展标志着电子商务进入新的阶段，同时也意味着网络已经一步步嵌入我们的现实生活中。

| 2.4.3 重塑个人与组织的连接

• 顾客与公司

数字网络对生活的改变使人产生的直接感受就是围绕个人的信息资讯的爆炸式增长。互联网使信息的采集、信息传播的速度和规模达到了空前的水平，实现了全球信息共享与交互。在未来的十年中，伴随数字化和网络成长起来的一代人将逐渐成为社会的中流砥柱。作为熟悉网络的一代人，互联网成为他们生活娱乐、激发灵感和接受教育的平台。这一代人构成的社会群体作为新技术的积极响应者、开发者、使用者和体验者，将积极促进社会经济和文化的变革。

随着数字网络的发展，产品和服务相关的各方面的信息对于公众来说将变得更加透明。社交网络、论坛和其他在线信息将成为顾客进行购买决策的资源。年轻顾客能够熟练地搜索和挖掘关于产品和服务的信息，并快速地进行交流和传播。Intuit 预测公司与顾客的关系将被控制在顾客手中，市场营销从行业"推动"转向市场"拉动"，顾客会更加自主地寻找能满足他们需要的公司。

在这样的背景下，网络对于公司产品和服务来说既是营销宣传的平台，也是质量监督的平台。公司无论如何估量诚信的价值都是不过分的，因为在网络和社会的节点之间建立关系的基础是信任，而利益的传递是在信任关系的基础上展开的。从可持续经营的角度来看，传递虚假信息付出的代价将变得越来越大。对于商家来说，通过合适的交互形式与顾客建立信任关系是成功的关键。有的营销专家曾指出，信任是最好的投资。比如天猫就是通过打造买卖双方的诚信认证系统来建构自己的诚信交易文化的，通过该认证系统，网站的买卖双方在交易之前可以仔细查看对方的信用记录，也可以通过其他买家对该商家的评价判断该商家是否诚实守信、商品是否货真价实、服务是否完善到位等，信用评价将为买家提供有价值的参照，为网上购物提供安全保障，如图 2-5 所示。打造一个诚实可靠和值得信赖的形象能有效地激发顾客后续的消费行为，而且这种来自顾客的良好口碑还能通过互联网媒介得到广泛传播，不断吸引新的客户。

对于公司来说，维护稳定的客户群是持续赢利的关键。对顾客来说，通过网络媒介了解产品和服务资讯，与真正试用、体验产品实物是不同的，商家必须通过适当的措施来建立和维护良好的客户关系。对于公司和组织来说，分散式的网络在线信息传递和交流将会变得越来越重要。目前，很多大公司都将自己的公司网站作为对外信息辐射的核心，通过与有影响力的网站、网络社区及电信运营商建立联系，从而"连接"市场和顾客。从信息交互的心理感知过程来看，以下问题值得设计师给予特别的关注：交互形式是否有助于让顾客建立良好的产品印象？交互流程是否有助于顾客理解产品，或有助于公司进一步了解顾客的需要？交互中是否有正向的情感传递？交互设计专家史蒂夫·克鲁克指出，人们在使用 Web 的时候，不是在阅读，而是在扫描[①]。因

---

① 史蒂夫·克鲁克. 点石成金[M]. De Dream, 译. 北京：机械工业出版社，2006.

此，在这个个人信息量过载的时代，第一印象至关重要。设计师应该尽量做到，当顾客查看一个页面、一则产品或服务的介绍时，它应该是不言而喻的，是一目了然的，是自我解释的。让顾客感觉到公司在用心地帮助他们尽可能少花精力和时间来理解产品的相关信息，从而对商家产生好感和信任；此外，在实体店购物的过程中，顾客可以直接接触、试用产品并详细询问销售人员。而在电子商务流程中，远程终端的顾客无法体验这些感性信息，公司需要通过适当的交互方式向顾客提供有效的信息反馈，增进顾客的过程体验；比如在主流电商服务中心页面专门设有常见问题栏，初级用户点击进入该栏目，里面会有一系列精心设计好的动画导航帮助用户了解如何进行账户注册、激活、购买支付和评价等操作。此外，有的电商网站的栏目还设有热门问题项目和专门针对买家和卖家双方的问题集合，这些内容是根据对用户的使用行为的调查和统计进行设计的，目的是有效地将关键信息快速呈现给有问题想咨询的用户，提升了用户的过程体验。

图 2-5 电商网页可供查阅的记录有卖家信用信息的页面

• **员工与组织的连接**

传统的公司组织是以所有权为基础，实行命令和控制的管理体制。然而，从 20 世纪末开始，这种强调控制的体制虽然还是传统的公司结构，但已经掺入了越来越多的关系，如联盟、合资、参股、合作、技术共享及外包服务等。在一些发达国家，传统的雇员工作方式正在逐渐转变为网络化的临时工、承包商及专家服务等更加灵活和多元化的工作方式。这些新的工作方式必须建立在对任务、政策和战略的共同理解之上，建立在团队的合作之上，以及建立在共同的信念之上。组织是由人组成的，其目的是发挥人的优势并避免不足。组织的基础和核心是人，因此对人的关注对于组织的发展是至关重要的。在美国等发达国家，世代的变迁正在改变个人与组织的关系。与第二次世界大战后致力于重建家园、努力工作的"婴儿潮"一代人相比，目前处于社会中坚力量的"X"世代（出生于 20 世纪 70 年代左右）及日渐成熟的"Y"世代（出生 20 世纪 80 年代后）更多地表现出对取得工作和生活两者平衡的关注。著名的领导力研究专家杰伊·康格将"X 世代的工作态度总结为工作是为了活着，但活着不是为了工作，他们不愿意只是把薪水拿回家，却累得没有与家人共度的时光。同时，经济波动引发的激烈竞争和残酷的裁员浪潮也起到了推波助澜的作用，让年轻人不再臣服于传统的权威，也不再像父辈们那样忠诚于某一特定的组织，他们更愿意寻求属于自己的生活，主动更换工作，把握更适合自己的发展机遇，而不是在漫长的等待中缓慢爬上管理岗位。他们更愿意选择对团队成员忠诚，而不是对组织忠诚"[①]。这反映了人们对个人生活品质、人与人的关系的日益重视和关注，组织只有看到这些，才能有效地设计和建设自己的文化，汇聚人才，获得绩效。

基于数字网络的技术应用，公司组织与内部员工之间将建立起更加灵活的"连接"方式。公司的传统组织形式也将在移动网络技术的发展下产生巨大的改变。技术和知识借助于网络将获得更快的传播速度，有效地提炼、掌握、管理技术与知识将成为组织获得领先的关键活动。而知识工作者也将在商业运营中发挥越来越重要的作用。对于公司和组织来说，知识工作者将成为宝贵的资产。

随着经济的日趋成熟，短时间内暴富的赢利机会将越来越少，新兴企业和新开发的项目从起步到赢利的过程将是漫长和艰辛的。因此，仅仅依靠经济上的"贿赂"来凝聚知识工作者的手段将变得不可行。以知识为基础的新兴行业经营得好坏，慢慢要取决于这些行业如何吸引、维持和激励知识工作者。如果满足知识工作者的经济手段不再奏效的话，就必须靠满足他们的价值观来达成目的：给予他们社会的承认，把他们从下属变成管理者，从员工变成合伙人，而不仅仅是提供给这个员工丰

---

① 史蒂夫·克鲁克. 点石成金[M]. De Dream，译. 北京：机械工业出版社，2006.

厚的待遇。[1]新的 IT 等科技行业的发展已经证明了这个观点。在一项调查中，出身于硅谷四大主要公司的数百位经理人被问及"你的关键员工中，有多大比例可以在离开公司后一个月内获得比现在更高的薪水"时，得到的都是毫不含糊的回答"100%"。从某种意义上说，高科技公司的关键人才不跳槽则意味着他们自愿减薪，他们选择留在组织内是为了机遇、成长、人脉、激励制度和组织文化。

随着云计算技术、通信技术与终端硬件技术的进一步融合，新的移动办公系统将改变传统的工作形态。办公室将不再是唯一的工作场所，雇佣制也不再是一成不变的工作模式。自由职业者和兼职工作者的数量将会增加。传统的组织管理关系链将进一步被弱化。这对公司组织凝聚人才力量、寻求共同发展提出了新的挑战。

✎ **案例：**

> 率先提出"网络就是计算机"的美国 Sun 公司，从 2007 年开始开发了应用于公司内部虚拟社区的应用程序，为每位员工赋予虚拟化身（类似于个人图标）。最初的化身很小、很简单，但如果一个人提供了有用的信息，帮助了 Sun 公司的其他人，系统就可以搜集其他人对他的致谢信息。他的化身就会成长，而且随着化身的成长还会被配上帽子和衣服，身形也会变大。"Sun 公司可谓抓住了社区精神的根本，那就是个人地位的提高有赖于无私的给予，并且将这种观念深深根植于公司的沟通体系中。"吉福德认为从社区的角度看，对社区和社区成员贡献最大的人地位最高，这是经济刺激所无法达到的结果。

2.4.4 网络社区改变人与人的连接

美国著名社会心理学家斯坦利·米尔格兰姆于 20 世纪 60 年代做了一项有趣的实验。他把内容相同的若干封信随机发送给住在美国各城市的一部分居民，信中写有一个波士顿股票经纪人的名字，并要求每名收信人把这封信寄给自己认为比较接近这位股票经纪人的朋友。这位朋友收到信后，再把信寄给他认为更接近这名股票经纪人的朋友。最终，大部分信件都寄到了这名股票经纪人手中，每封信平均经手 6.2 次。根据实验结果，米尔格兰姆提出六度分隔理论（Six Degrees of Separation），即任何两个陌生人之间所间隔的人不会超过六个，也就是说，最多通过六个人你就能够认识任何一个陌生人。

---

[1] 德鲁克基金会. 未来的社区[M]. 北京：中国人民大学出版社，2005.

　　六度分隔理论最重要的价值是揭示了社会中普遍存在的"弱纽带"关系经常会发挥强大的作用。基于六度分隔理论的社会性网络服务（Social Networking Services，简称 SNS）已经蓬勃发展起来，目前，国际上具有影响力的社交网络包括 Facebook、YouTube、WhatsApp 和 Instagram 等，国内较有影响力的有微信、抖音和新浪微博等。在社交网络中，人与人的交互得到越来越多的关注，用户不再只是网络平台内容的浏览者和过客，而是逐渐成为优质内容的制造者和传播者，由人的"连接"所引发的时代变革仍在继续。

　　经济社会学家马克·格兰诺维特在 1971 年的论文《弱关系的力量》中描述了一个非常有趣的现象：在找工作时，由家人、好友构成的强关系在工作信息流动过程中起到的作用很有限，反倒是那些长久没有来往的同学、前同事，或者只有数面之缘的人能够提供有用的求职线索。

　　格兰诺维特使用社交图谱说明了社交网络与信息获取之间如何相互关联。当一个人与两个交往密切的人互动时，这两个人也有可能相互交流。因此，人们趋向于形成联系紧密的"密集群"，密集群中的所有人都有联系。由于这些群中的人都彼此认识，任何一个人所知道的信息都可以迅速传播给群中的其他人。但是，相对于人们的整个社交网络而言，这种联系紧密的社交圈规模较小，很难为未来的工作机会提供新线索，而交往相对不那么频繁的弱关系在传递新信息方面往往更有效，而且有助于消除不同密集群体之间的隔阂。

　　在更广泛的社交范围内，弱关系会如何作用于信息的传递呢？2010 年，艾唐·巴克什和他的同事们对 Facebook 展开了一项研究，他们发现社交网络具有同质性，即有着相似个性、经历、喜好等特征的人具有相互联系的倾向。人们可以通过工作场所、职业、学校、俱乐部、爱好、政治信仰及其他因素彼此联系，对于人和社交网络来说，同质性具有普适意义。同质性不仅决定了人们相互联系的频率及其探讨的话题，还决定了他们作为个体在网络中寻找何种信息。同质性表明经常联系的人彼此相似，并有可能消费更多相同的信息。交流较少的个体则更有可能存在差异，并消费更多不同的信息。

　　通过对 News Feed 中的信息传播进行研究，巴克什和他的同事们发现，由于强关系的个体影响力较强，所以人们更有可能分享强关系发布在 News Feed 中的信息，但弱关系基数更大，Facebook 中的多数信息传播仍然来自弱关系。同时，弱关系传播了人们原本不太可能看到的信息，而且由一个人的弱关系分享的信息不太可能被局限于小范围内，而是会通过强弱关系的连接不断扩散。总的来说，人们最终从弱关系好友那里分享了更多的信息。由此巴克什得出结论：**我们在 Facebook 上分享和消费的信息其实比传统观念所认为的更具多样性**。与密友相比，我们看到并传播了更多来自远距离联系人的信息。由于这些远距离联系人通常与我们存在差异，因此我们消费并分享的大量信息都来自不同观点的人。该研究首次对社交网络的影响力进行了大规模量化，并表明**在线社交网络可以作为一个分享新观点、新产品和时事新闻的重要媒介**。[①]

在生活中，我们同样可以感受到弱关系在社交网络信息传播中的重要性。如今，一个网络用户有两百多个 QQ 联系人，关注四百多个微博博主都是很寻常的事情。与现实社会中的人际交往相比，开启和结束一段网络轻度交往的成本要低得多，人们会自然地释放自己率性的一面，同时也会接受多元化的观点。从这个意义上说，弱关系并不弱，它蕴含着更多跨界交往的可能，会不断衍生出新的连接。网络的弱关系连接为所有的用户打开了一扇门，通过这扇门，我们可以更完整地表达自我、发现自我，寻找和创造适合自己的平台，可以与不同类型的人交谈，互相传递信息，共同分享观点，不断积累知识，深刻了解人性，跳出自我中心的藩篱。

在我们的社会生活中，弱关系连接其实由来已久，并不仅限于数字网络中的社交形式，数字网络只是为弱关系连接的发展提供了更加广阔的空间。随着线上和线下的连接关系变得更加模糊，弱关系连接将会引发更多元的社交行为，改变人们的传统观念，这些都将会对我们的生活产生更加深远的影响。美国的"火人节"（见图 2-6）是现实生活中基于弱关系连接的一种激进的尝试。

图 2-6　参加火人节的人们

① Facebook 研究报告：重视社交网络"弱关系"。

✎ **案例：**

　　"火人节"源于 1986 年旧金山的贝克沙滩，一小群人用木头建造了一座 8 英尺高的人像，最后点火烧掉。从那以后，木头制作的人像越做越大，参加节日的人数也越来越多。如今这个节日已经成为当地的艺术节，同时，这里也是一个临时的社区实验点。在那里，传统的市场规范被摒弃，火人节的一切活动不接受钱币，而是实行礼品交换经济。你给予别人东西或者奉献自己的劳动，别人也会回赠你。会烹饪的人免费为大家做饭，心理学家免费为大家提供心理咨询，还有人为大家提供免费的淋浴服务。人们相互拥抱，友好相处。即使是奇怪的穿着和行为，也会得到包容与欣赏。在这样的社区里，社会规范取代市场规范指导人们的生活，人们变得更加轻松惬意，也更有创造力，生活更加充实，更富有乐趣[①]。

2.4.5　重塑人与社会的连接

　　早在 19 世纪末，古典社会学家费迪南德·滕尼斯就在《社区与社会》中提出"人类需要社区"的观点。一百多年以后，随着城市化进程的不断发展，滕尼斯所希望保留的社区，也就是那种传统乡村社会中的"有机制"社区已经逐渐淡出了历史舞台。但人们对于社区的需要却从未消失，我们不禁会问，未来的社区会是什么样的形式呢？20 世纪 90 年代末，德鲁克洞察到了这一问题，并预见今后，人们的任务将会是创建一种前所未有的城市社区。与历史上的传统社区不同，城市社区应该是自由的、自愿的，并且也要为城市中的个人提供机会，让他们取得成功，做出贡献，脱颖而出。

　　其实，深入人们生活的网络社区并不复杂。北京有个"我搭车"网站，这是一个跨平台的社交应用。用户在"我搭车"上发布拼车需求（主要通过移动设备）：从哪里出发、到哪里去、什么时候等，当然用户既可以是搭车者，也可以是开车者，"我搭车"会为其自动生成基于谷歌地图的线路，然后呈现这类信息。以这些拼车信息为基础，用户可以找到同行者，分享一段不一样的行程。网络社区对于常规出行非常有用，比如通过社区的信息公示了解到有很多住在北京通州区的人要去中央商务区一带办公，这样基本上工作日能一起拼车，这是一个很划算的选择。对于人们来说，需求总是存在的，只是常常没有很好的平台来对接供需双方。"我搭车"就是面向那些将拼车作为

---

① 丹·艾瑞里. 怪诞行为学[M]. 北京：中信出版社，2008.

一种日常生活方式的人的需求，基于解决这类问题而产生的。对于这种新型的设计来说，设计师将面临很多问题，比如发布拼车需求后的对接问题、诚信体系的搭建等，而且对于社区来说能否将搭车者和开车者的需求关系维持平衡充满挑战性。

马歇尔·戈德史密斯认为城市社区已经进入一个新的时代，从传统的"要求型社区"转向"选择型社区"。要求型社区"都带有垄断性质，通常只有微不足道的竞争，或者根本没有竞争"，比如传统时代的宗族社区、宗教社区、行业社区等；而选择性社区则"都要激烈地竞争以争夺成员"。现在虚拟网络社区的发展已经证实了马歇尔的观点。

杨吉博士对未来社区的概念进行了全面的总结：首先，未来社区不是我们日常语境下的住宅社区（前者的范畴要远大于后者），它有点儿类似于尤尔根·哈贝马斯的"公共领域（Public Sphere）"。公共领域是社会生活的一部分，当公众就有关公众利益的重要事件交换看法时，公众领域就出现了。它是公众意见形成的地方。当人们聚集在一起讨论重要的政治话题时，公众领域就变成了民主政治的基础。其次，社区更多是一个抽象概念，像本尼迪克特·安德森在《想象的共同体》中对民族国家的分析那样，"诸如民族国家这种实体是抽象概念。通过对惯例、民族、神话、传说、旗帜及其他象征的信仰分享，人们连接在一起。"社区也是如此。它并没有实体，如同武侠小说中的"江湖"一样，名词称谓的外在多过它实际的内涵。戴维·乌尔里克指出，塑造强烈而鲜明的特征，建立明确的准入规则，用标志、传说及故事建立和维持价值观等在社区创建中是非常关键的。最后，社区的未来样貌可以从目前全球化浪潮中部分组织的发展中一见端倪。就像经济一体化带给许多跨国公司的契机那样，未来的社区可以轻松跨越各国边界，国籍、民族或许不再是限制"走到一起"的障碍。共同的价值观、生活方式、宗教信仰、职业习惯、奋斗目标、兴趣爱好等要素，会成为人们选择跟谁共同生活、共同参与、共同分享的标准。当然，考虑到国与国、地区与地区之间的现实距离，信息技术的地位举足轻重。詹姆斯·巴克斯戴尔的《动态组织社区中的通信技术》、马歇尔·戈德史密斯的《全球化通信与社区的选择》和霍华德·莱茵戈德的《虚拟社区》等文章提到了一个相同观点，使用新通信技术对帮助建立社区不仅是可能的，而且是必需的。

未来20年，无论是在生活领域还是在商业领域，网络社区将会是最大的改变力量。在这里，跨越不同国家和种族的社交行为会逐渐成为常态，增进不同区域、不同文化之间的相互了解和彼此交融。更重要的是，虚拟的数字网络社区与现实的社区生活将可能出现密切的结合，形成新的社区社会。在这一趋势下，如何面向未来，借助信息网络平台，创造新的社区生活，满足个人和社会的心理需求将成为一个全人类必须面对的重大课题。

✍ 案例：

　　2020 年，豆瓣网每个月的月度覆盖独立用户数都在 8000 万到 1 亿左右，并常年稳居社区交友榜的第二位。虽然豆瓣网一直被业界称为"慢动作"公司，做的一些事情经常晚于市场红利，但豆瓣社区的用户黏性很大，吸引了大量有消费潜力的青年人群。

　　从表面上看，豆瓣网虽然是一家以书评（包括书评、影评、乐评）起步的网站，但实际上它却提供了书目推荐和以共同兴趣交友的功能，这正是网络社交的思想。因此，豆瓣网本质上是一个社区，一个集博客、交友、小组、收藏于一体的新型社区网络。豆瓣网由各种各样的"兴趣小组"构成，以个人为核心，"兴趣小组"跟每个用户的兴趣有关。小组不需要有很多人，但是需要志趣相投。豆瓣网通过你喜爱的东西帮你找到志同道合的人，然后通过他们找到更多的好东西。用相同的兴趣作为媒介，把人和人的社会关系真实地搬到网上，这使得豆瓣网相对于一般交友网站更有针对性，加入"友邻"的往往是不认识但兴趣相同的朋友，这比陌生人随意添加要可靠得多。实际上，豆瓣网的一些豆友们已经在现实生活中组织了各种各样的聚会、活动。豆瓣网页面如图 2-7 所示。

图 2-7　豆瓣网页面

莱斯特·梭罗在《经济社区与社会投资》中提出，未来的社区很可能不会由经济的纽带连接在一起，但与此冲突的是，市场经济背后却需要一个社区去完成它自身不会完成的长期投资。这引发一系列的问题：没有社区概念的经济有可能运转吗？不考虑经济问题，社区有可能运转吗？什么能代表未来的公共利益？莱斯特没有给出答案。对此，德鲁克给出的答案是城市社区必须由第三方的非营利性机构推出和组织建设，而不是政府或者公司，因为"只有社会部门的机构，即非政府、非商业、非营利性组织，才能够创建社区，满足现在市民特别是受过高等教育的知识工作者的需要，而他们正成为发达社会的主流。原因之一是，只有非营利性组织才能提供我们所需的社区多样性——从教堂到专业协会，从照顾无家可归者的社区组织到健身俱乐部。非营利性组织也是唯一能满足城市第二需要的部门，即城市成员实现市民价值的需要，特别是受过高等教育的专业人士，这部分人正成为 21 世纪城市的主流群体。"德鲁克认为把这一些功能转嫁给企业，希望它们帮助实现，其实这是种自欺欺人的想法。而对于政府来说，未来社的快速变化是难以驾驭的，目前，这种根据地域简单划分的社区已经使政府的投入居高不下，如果按照现代社会难以计数的需求来组建各种社区，对政府来说将会产生无法承受的成本。

民众的自组织管理是否有效，也许来自英国的丹尼·华莱士的经历会带给我们一些启示。

✍ 案例：

2001 年，丹尼参加了一位几乎未曾谋面的叔祖父的葬礼。这位叔祖父是一位瑞士公民，他曾经对一个小镇的政治状况感到失望，于是决定在自己所属的土地上重新建立一个城镇。抱着这个想法，他号召市民和他一起建设一个完美的社区。遗憾的是，只有 3 位市民对这件事情有兴趣，这件事情便再没有取得任何进展。

叔祖父的想法一直萦绕在丹尼脑海里，一天，丹尼在自己的公寓里闲逛的时候，突然决定要将这个想法付诸行动。他在专门发布二手商品、租房等信息的报纸上刊登了一则广告："加入我吧，将你护照上的照片发送到……"，这则广告并没有告诉人们加入他会获得什么，连丹尼本人也觉得自己会继续遭遇人们的漠不关心。

然而事情却出现了转机，丹尼收到了第一次回复，并向回复者传达了善意的问候。从此以后，通过一个网站和许多人的推荐，丹尼的桌上堆积了约 4000 张护照照片。在获得成功的同时，压力也随之而来。丹尼发现这个组织需要有一个目标并且要具有存在的意义，他决定通过这个组织做一些有意义的事。于是他为陌生人准备了茶、啤酒和饼干，活动范围跨越了整个国家。他还组织了"Karma"团队，专注于向人们提供茶、饼干和任何善意的行为。一封简单的邮件，就可以让数百名参与者们汇聚在伦敦牛津的街头，快乐地向人们传达善意行为。如今，join-me 的成员跨越了多个国家，每天都有新成员加入，他们都受到了老成员的热烈欢迎。[①]

We Are Social 与 HootSuite 合作发布的最新《2020 全球数字报告》显示，超过45 亿人使用互联网，而社交媒体用户已突破 38 亿人大关。最新趋势表明，到今年年中，全球超过一半的人口将使用社交媒体。数字、移动和社交媒体已成为全世界人们日常生活中不可或缺的一部分。蓬勃发展的大型网络社区实际上已经开始承担政府的社区责任，而且已经显示出社区文化的多元化特征和管理成本的大幅度降低。

✎ 案例：

　　和 join-me 类似的还有一个松散而又充满善意和激情的英国团体 Guerrilla Gardening，这个团体里有形形色色的人。他们在英国寻找很多废弃的网址，并向他们传递信息，邀请他们清理、挖掘并替换掉英国城市中所有没有生机的地区，从建筑工地到中央车站，从废弃的公共花园到荒芜街道，这个"游击园艺"群体的成员们义务改造了他们生活的城市。这是因为他们热爱园艺，但更重要的是，人们乐于享受他们的成果。

　　通过网络中人们自发形成的社区，我们可以观察到非常丰富的群体行为。通过了解群体的行为和心理机制，我们可以借助群体的力量更好地设计未来的生活。无论何时何地，机遇与挑战总是并存的，网络开启了人与人的新连接，但利用新连接改善我们的生活则需要创新和智慧来建立愿景和规则，让每个个体得到更多的自由与权利，同时也担负起更多的社会责任。传媒专家马克·伊尔斯总结了适合未来群体模式的七大营销原则：第一，在既定背景下个体间的相互影响将促成从众行为；第二，影响力（而非说服力）是形成群体行为的核心力量；第三，"口碑传播"是群体内最有影响力的行为；第四，信念而不是财务管理将会帮助人们建立更好的企业和组织；第五，重新点燃信念和目标之火；第六，组织要改变精英立场，学会与群众共同创造；第七，

---

① 马克·伊尔斯. 从众效应如何影响大众行为[M]. 钱峰，译. 北京：清华大学出版社，2010.

不再执着于确定性和控制力，学会放手。

仅从技术的角度出发，在互联网时代，实际上已经出现了将这些想法付诸实现的可能。设计咨询公司 IDEO 提出了"馨城"的构想，在馨城，人们的线上生活和线下生活密切结合，如支持环保的回收利用行为会为馨城市民赢得"馨积分"，"馨积分"可以在移动设备、家庭电脑及网络终端进行同步更新和统一管理。人们可以用"馨积分"投资孩子的教育，支付医疗账单或交通费，以及投资个人的劳动保障账户。馨城的设计构想的实现需要整个社区成员共同参与社区的建设，共同为保护环境、节约资源、公共教育及文化建设贡献力量。

2.5 数字智能时代的设计伦理挑战

如果我们回看十年前各智库对于智能互联技术下世界的未来途径的预期，会发现基本上都是着眼于良性发展的，相对忽略了对互联网技术的双刃剑作用的分析。十年后的今天，我们看到世界的信息互联仍在不断深化之中，但产生的影响却是多方面的，世界并没有因此变成只存在一种经济和一个市场的情况，而是不同区域、不同文化群体之间形成了越来越复杂的连接和传播，这其中产生的不只是沟通和理解，还伴随着新的误解和冲突，政治和社会文化等方面的因素参与到了信息互联的关系塑造之中。

拆除信息阻隔所带来的指数化增长是阶段性的，粗放式的信息互联带来的爆发式增长从长期来看并不能长期持续，而进一步的精细化运作和新增长则面临很多困难。一方面，按照生态学的逻辑斯蒂曲线，我们必须要考虑信息环境中显现出来的多样化因素，通过研究人与信息环境的交互来把握现实中的"增长阻滞"因子，并寻找有效的解决办法。另一方面，我们也需要不断反思现实与未来，设计应该怎样引导技术以促进人的全面发展和社会的公平正义。

综合来看，数字智能时代的伦理影响是一个深远而广阔的问题，包括但不仅限于以下问题：

1）大数据精准交互与个人数字产权。

随着大数据和智能算法的广泛应用，数字智能技术对个人生活的影响将渗透到隐私保护、数字产权、社群治理、信息平等及言论自由等各个领域。

首先，从效用主义的角度，大数据和智能算法可以使决策变得更加明智。人们可以借助数据分析更深入地了解决策的风险和最优路径。互联网公司可以运用数据分析为用户提供更精准的交互服务。政府在面临紧迫的社会问题时，如提升公共医疗和公共交通的智能化等，大数据可以节省资源、提高流程效率，做出更好的决策。同时，对不同来源的数据进行综合分析，以揭示新的信息，帮助用户免受欺诈，帮助客户增进收益。随着存储和处理数据成本的不断降低，会持续扩展大数据的上述效益，提升数据的潜力和普及度。这些都可以用于改善社会生活。

尽管数字智能可以带来很多好处，但人们也越来越注意到它可能造成的危害。现在，我们每个人的大部分信息数据都存放在大公司的服务器上。虽然谷歌、亚马逊等大型互联网公司公开表示数据的所有权归用户，他们只使用数据改进产品和服务，但实际上用户并不真正拥有这些数据。因此，这就产生了数字所有权不清晰的问题。另一个严重的问题是，难以防止低成本的数据复制和被不良商家利用。例如，在 Facebook 的泄密案中，据了解 Facebook 将用户普通的点赞和评论信息泄露给一家名为"剑桥分析"的私营公司，而这家公司仅通过智能算法和 5 个点赞信息，就能准确地判断一个用户的政治倾向，如果再参照用户对应的转载和评论信息，甚至可以判断什么样的讯息能影响用户的政治判断。这个案例带给我们的启示是：我们每个平台用户，实际上都被智能技术描绘为一系列的数据轮廓，通过准确的数据轮廓的描绘，网络公司有可能将个体数据化为可以进行行为管理的对象[①]。这些都对数字伦理和数字产权的管理提出了新的挑战。

2）沉浸式体验与防过度沉迷。

根据中国互联网络信息中心发布的第 47 次《中国互联网络发展状况统计报告》显示，截至 2020 年 12 月，我国网民规模达 9.89 亿，互联网普及率达 70.4%。现在，互联网和我们日常工作、生活、娱乐密不可分，其重要性相当于水和电。根据第三届网民健康状况调查报告显示，24.6%的网民曾经试过连续上网 24 小时以上，并且有 22%网民习惯连续上网，中间不休息。根据 CNNIC 发布的《2014—2015 年中国手机游戏用户调研报告》显示，使用手机或平板电脑进行游戏的日均使用时长在两小时以上的用户比例由 14.6%上升至 25.3%，这表明用户在由"高频低时长"的碎片化使用习惯向"低频高时长"的重度化使用习惯过渡，这一现象与游戏行业越来越强调设计的心流感和沉浸式体验有密切关系。

所谓沉浸式体验，是指用户通过感官与认知活动，持续地潜心于某种信息交互和情绪体验之中。网络信息通过图文、音频、视频、游戏等多样化的创作形式，相比于

① 蓝江. 智能时代的数字——生命政治[J]. 江海学刊，2020(01)：119-127+255.

传统的信息媒介更具有让人沉浸的吸引力。但随着对沉浸式体验设计与研究的不断深入，新的问题暴露出来，比如网络沉溺和成瘾性造成的人文关怀缺失。

数字信息世界的沉浸式体验具有以下特点：

第一，用户的自主性更强。在传统的看电视、听广播、看电影等情境中，用户的身份是信息的被动接受者——观众，而在网络环境中，用户成了自主选择和制造新信息的主体，这种自主性和自由的体验感比传统的媒体情境要强很多。

第二，数字网络环境能够低成本实现多元化的信息供给，这种即时性的回应为网络终端的用户提供了累加性的美好体验。

第三，用户与网络平台之间，以及用户通过平台与其他用户之间能够实现更多实时的互动体验，如在论坛或游戏中的对话、协作活动等。这些虚拟世界的即时互动能够更紧密地联系。

第四，用户可以利用头像和各种标签化的数字形象出现在网络中，借助新的数字化身份体验释放现实生活中被压抑的"自我"带来的快感。以上都是促成用户从沉浸到沉溺的情境因素。

什么是成"瘾"呢？一般来说，是指主体知道这种行为会产生不好的影响，但还是难以停止，形成重复性的自我强迫，并对这种行为产生精神上的依赖。脑科学研究显示，成瘾性主要是大脑的奖励机制出了问题。如果某种物质或者某项活动导致大脑负责奖励的区域分泌大量的多巴胺，大脑就会感到高度的愉悦。正常生活中平淡的愉悦，并不能让人体分泌的多巴胺达到足够浓度。于是，个体在追求愉悦的路上，只能依靠某种物质，或不断重复这种行为，最后形成依赖，并且停不下来。内容的设计者，是可以利用这一心理机制，创造出让人沉浸其中的游戏、短视频等内容的。游戏玩家越是沉浸其中，水平就会越高，对新技能、新场景的渴求就越强，于是在其中花费的时间、精力和金钱也就越多。同时，游戏玩家也付出了更多的机会成本，现实生活中的学业、工作和社交因为没有时间去维护，就逐渐荒废了。几年前，笔者在参加某个人工智能与设计的会议时，与会的一位人工智能专家就公开说自己已经删除了手机上的某个时下热门的 App，原因是他个人很喜欢看可爱的小动物的视频，于是 App 就不断给他推送相关的内容，导致他浪费了很多时间。试问，有多少普通用户能像这位专家那样自我反思，并果断采取行动戒除沉溺呢？

任由这一趋势发展，不但会越来越背离体验设计原本的初衷，也会恶化整个数字网络空间的信息生态。因此，从网络生态的可持续性和人的身心健康出发，构建有节制的沉浸体验是数字智能时代的内在伦理要求。其实，在这种危机之下，也暗藏着机会。因为通过借助人的这种心理机制，同样也有机会设计出帮助人更好地沉浸于学习、自我提升及健康社交的活动的智能工具。

3）追求最优解与走出信息茧房。

相比于主要依靠人力、畜力的传统农业时代，工业社会的形成首先依赖于新动力的使用，于是人类的生产能力快速提高。为了更高效地应对不断扩大的生产规模，探索更高效的工作模式成为整个时代的要求。为了提高制造业的生产效率，降低成本，企业必须对生产过程进行优化。于是，泰勒的科学管理，福特的标准化的生产流水线，以及"形式追随功能"的现代主义设计潮流都应运而生。企业在制造出质量标准化的产品的同时，也塑造了"规范化"的现代工人群体：他们遵循规则，按要求完成标准的操作，就像企业这个庞大社会机器中的"标准件"。除了对人的规训，工业技术的"规约化"也进一步渗透到社会生活中。在现代主义设计盛行的年代，装饰和多样化甚至被认为是"不道德的"，几乎一切与以高效和节约为核心的功能主义价值观不相符的产品特征都被统一"修剪"了，人们生活在"现代性"的都市里，自然的人性在被纳入象征工业时代秩序的过程中受到了统一规范的"修剪"，农业时代生活的多样性也被"直线、直角、无色系"的现代主义环境所取代。从 20 世纪 70 年代以来，随着对基本生活需求的充分满足，发达国家的社会文化形态开始从以生产为中心的模式，向以消费为中心的模式转变[1]。为了满足消费欲望，倡导享乐主义的都市生活方式受到大众的推崇，视觉文化开始盛行，它打破了单调乏味的现代性审美规范，追求视觉愉悦的商品设计与各种消费价值的象征意义交织在一起，促成了消费主义的兴起。

在进入智能互联的时代后，基于大数据和智能算法，在技术上可以对细节信息进行广泛的收集和分析，通过反复的迭代优化，越来越精准地对个体的心理偏好和行为特征进行建模。于是，新媒体能够实现从传统的"一对多"传播转向"一对一"传播，即同一款产品做到界面推送"千人千面"。个性化信息的精准推送虽然会给用户带来便利和好的体验，但根据个人兴趣形成的算法优化造成的"信息茧房"效应也越发突出，算法规则甚至可以通过信息对人的行为进行引导，让看似自由的个人选择成为可以精准控制的对象[2]。

① 周宪. 视觉文化与消费社会[J]. 福建论坛（人文社会科学版），2001（02）：29-35.
② 丁晓蔚，王雪莹，胡菡菡. 论"信息茧房"矫治——兼及大数据人工智能2.0和"探索—开发"模式[J]. 中国地质大学学报（社会科学版），2018，18(01)：164-171.

　　"信息茧房"的概念最早是桑斯坦提出的[①]，意指公众出于本能，会只注意自己选择的东西和使自己愉悦的信息领域，而回避与自己观点冲突和不一致的信息领域。久而久之，用户会将自身束缚于像蚕茧一般的"茧房"中。

　　如果说工业化时代的信息茧房是来自有形的工业秩序的"规训"，那么数字智能时代的信息茧房则更像是个人在自主选择接收让自己愉悦的信息过程中"作茧自缚"。这个过程是在不知不觉中达成的。在桑斯坦看来，公众在面对海量的信息时，必须做出取舍，如果每个人只以个人喜好为标准选择接收的信息，那么每个人就只能构建出他们所希望看到的世界图景，而不是世界本该呈现的样子。如果整个社会也是如此，那么现有很多的社会群体和社会共识必然会走向分裂。悖谬的是，沉浸其中的个体并未感到自我设限，相反，他们会认为自己是在做出"自由"的选择，也就是说，信息茧房的构建是基于个人的自由主义信仰，但其结果却让每个人只听到自己的回音，从而导致认知与现实的撕裂。这样的机制会阻碍社会公共价值目标的实现，并最终破坏整个社会的个体自由。

　　如果仅从当下一般意义上对设计职业的理解来看，以上问题的解决似乎与设计师的职业并无直接关系。但实际上，它们不但与我们每个人有关，还和设计师有特别密切的关系。因为设计师既是这个社会中对用户群体的需求和境遇敏感的人，也是近距离参与未来产品的创造活动的人。着眼未来，设计师应该联合更多的技术工程人员，在设计开发过程中注入更多的社会人文关怀，帮助更多的人走向更全面的自我发展之路。

---

① 凯斯·R. 桑斯坦. 信息乌托邦：众人如何生产知识[M]. 毕竞悦，译. 北京：法律出版社，2008.

第3章 用户需求

IDEO 的 CEO Tim Brown 曾经写过的一本名为《IDEO，设计改变一切》(*Change By Design*) 的书中讲到，设计思维法有三个方面：用户有需求、商业可行性、技术可实现（见图 3-1）。"用户有需求"是指任何一个产品都需要有用户的需求。如果没有用户需求，这个产品就没有市场。可见，用户需求对于产品设计来说，是根本且是必需的。

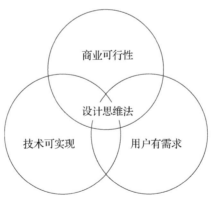

图 3-1　设计思维法

3.1 什么是用户需求

所有的生物都有需求，作为智慧的生物，人类的需求远比其他物种要复杂。

需求是人脑对生理需求和社会需求的反映，它是个体行为和心理活动的内部动力，在人的活动、心理过程和个性中起重要作用。需求是个体行为积极性的源泉。人的各种需求推动人们在各个方面的积极活动，所以，虽然不是每个需求最后都转化为行为，但是行为的背后一定能找到对应的需求。没有需求，人类不会有活动。需求同时是个体认识过程的内部动因。比如为了满足进食的需求，人们必须对相关的事物进行观察和思考，选择什么样的食物，多少量，怎样加工，怎样进食等需求调节控制着个体认识过程的倾向。同时，它对人的情感和情绪影响很大。凡是能够满足人需求的事物，人会对之产生肯定的情感和情绪，反之产生否定的情感和情绪。

人类的各种需求并不是孤立的，而是互相联系且重叠交叉的。而从联系个体的行为和活动中，我们会发现同一个需求会表现为不同的行为，同一个行为可能背后有着不同的需求。

3.1.1 用户需求的分类

用户需求可以被分为目的需求和方式需求。目的需求指人生行动的基本。比如，人饥饿的时候就需要进食，进食是为了避免饥饿，进食是一种目的需要。目的需要是有限的，虽然不同的理论家分类不同，但也不都是定义的差别引起的名称和数量的区别。比如，马斯洛一共定义了 7 个层级的需求，美国的亨利·默里分出了 18 种需求。虽然不同学者的分类方法不同，但是这些都是个体的目的需求。

对应目的需求的是方式需求。不同的人，同样有进食的需求，有的人吃个馒头就饱了，有的人一定要去饭店坐下来吃，还有的人经常请客大摆宴席。这些进食方式的不同反映了人们方式需求的千差万别。人类的活动往往不是简单地满足一个目的需求，影响进食这个活动的因素很多，借用人类学的 6W 分析结构，进食活动可以根据 Who（谁进食，和谁一起进食）、When（何时进食）、Where（在哪里进食）、What（进食什么）、Why（为何进食）、How（怎么进食）分出许多种不同的方式。

可以这样说，发现目的需求，可能会促使一个全新的产品的出现，或者新功能的突破，但是这样的创新在历史长河中是有限的，尽管它可能是革命性的。对于设计师来说，日常的工作更多的是去发现人们方式需求的多样性，寻找或者探寻满足方式需求的途径也能成就创新和发明。它更会引起生活方式的变化，甚至产生新的生活价值观念。①

近年来，随着网络和数码技术的发展，许多新的方式正在改变着我们的生活。比如，人们需要日常用品，就需要购物。这个目的需求在新时代并没有变化，但是购物的方式却有了巨大的改变。传统的购物方式是消费者走到商店里去挑选、购买回来。而现代网络和物流实现了人们坐在家里，等着送货上门，特别是在 2020 年"新冠肺炎疫情"期间，加速了中国人的日常购买电商化。这种购物方式的改变，不仅改变的是我们的生活方式，也改变了国家的经济。但也可以看到，电商潮起潮落，每天有许多新的店家在诞生，同时也有大量的店家在陨落。设计能否帮助用户顺利、方便、满意地使用网络产品对于企业的兴亡有着关键的影响。面对互联网市场的全新局面，没有多少传统的经验可以借鉴。设计师如何在这场变革中掌握好方向，使创新转换稳健的成功，是值得每位设计师探索的事。

3.1.2 用户需求的特点

• 用户需求的独特性和多样性

从严格意义上来说，每个个体都有着自己的需求，从基本的生理需求到复杂的社会性需求，构建了一个人的生活和工作。如果仔细查究，就会发现即使是同样的需求，两个不同的个体因为各种因素都会产生差别。但是，商业的市场无法按照每个个体的精准差别提供需求，产品的开发也不能以个体的需求为满足对象。适当地忽略个体的

---

① 李乐山. 工业设计心理学[M]. 北京：高等教育出版社，2006.

差异，寻找相似的用户需求，进行分群是挖掘用户需求的必然一步。

可以看到，由于性别、年龄、文化程度、收入水平等因素的相似性，不同的个体具有相似的需求。

- **用户需求的区域性与跨域性**

用户的需求来自用户生活方式的各个方面，由于我国地域广大，各民族各地区形成了各具特色的生活习惯、习俗，这种地域性的差异化使得人们在消费和使用产品的过程中有着迥然不同的特征。民以食为天，以饮食方面为例，可以看到四川人喜欢辣酱、广东人喜欢煲汤、东北人爱吃大蒜等。由于食品是快速消费品，对于保质期、库存条件都有严格的要求。所以，需求针对不同地域的特点研发并销售食品，才会得到用户的认可，实现商业成功。

同时，用户的需求也存在跨域性。在川菜红遍大江南北的今天，我们看到除了需求满足本地文化特色的习惯，用户也希望有更多的选择，超越地界，超越传统的选择。而网络信息平台在超越时空方面，具有传统商业无法比拟的优势。

- **用户需求的时尚性与发展性**

用户的需求常常受到时尚因素的影响。为了促进商业的繁荣，设计师每年甚至每个季度都在不断地推陈出新，创造时尚。随着科学和社会文化的发展，人们的生活工作节奏加快，大家对日用产品、食品、服装的消费也呈现出更多数量和更多品种的需求。特别是年轻的消费群体，他们对时尚的敏感度非常高。由于个体不够成熟，他们更需要社会或他人的肯定，群体的认同，所以为了被同龄伙伴认可，他们会追捧群体里流行的产品。

随着社会和经济的不断发展，科学技术的进步，产品生产工艺的提高，新材料新方法的不断创建，生产和社会文化不断推动产品的更新。所以，在一段时间内，人们会相对稳定地追求某种文化和时尚，但是，新的产品会不断涌现，也推动市场和用户的需求不断发展。并不是所有的产品开发来自用户的需求，技术也能引导大众的需求。

3.2 需求的相关理论

● **马斯洛的"需求层次"理论**

美国心理学家马斯洛在 1943 年发表了一篇论文——《人类动机理论》，提出一种关于人的需求结构的理论。马斯洛把人的需求分为五个层次，如图 3-2 所示。

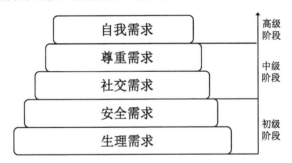

图 3-2　马斯洛提出的需求层次理论

（1）生理需求

生理需求是人类维持自身生存的基本要求，包括饥、渴、衣、住、性等方面的需求。如果这些需求得不到满足，人类的生存就成了问题。

（2）安全需求

安全需求是人类要求保障自身安全、摆脱事业和丧失财产威胁、避免职业病的侵袭、接触严酷的监督等方面的需求。马斯洛认为，整个有机体是一个追求安全的机制，人的感受器官、效应器官、智能和其他能量主要是寻求安全的工具，甚至可以把科学和人生观看成满足安全需求的一部分。

（3）社交需求

社交需求包括两个方面的内容：一是友爱的需求，即人人都需要伙伴之间、同事之间的关系融洽或保持友谊和忠诚；人人都希望得到爱情，希望爱别人，也渴望接受别人的爱。二是归属的需求，即人都有一种归属于一个群体的感情，希望成为群体中的一员，并相互关心和照顾。感情上的需求比生理上的需求更细致，它和一个人的生理特性、经历、教育、宗教信仰有关系。

（4）尊重需求

人人都希望自己有稳定的社会地位，要求个人的能力和成就得到社会的承认。尊重需求又可分为内部尊重和外部尊重。内部尊重是指一个人希望在各种不同情境中有实力、能胜任、充满信心、能独立自主。总之，内部尊重就是人的自尊。外部尊重是指一个人希望有地位、有威信，受到别人的尊重、信赖和高度评价。马斯洛认为，尊重需求得到满足能使人对自己充满信心，对社会满腔热情，体验到自己的价值。

（5）自我需求

自我需求是最高层次的需求，它是指实现个人理想、抱负，发挥个人能力到最大限度，实现自我境界，接受自己也接受他人，解决问题能力增强，自觉性提高，善于独立处事，要求不受打扰地独处，完成与自己能力相称的一切事情的需求。

马斯洛认为，上述五种需求是按次序逐级上升的。当下一级需求获得满足之后，追求上一级的需求就成为行动的动力了。

1954 年，马斯洛在《激励与个性》一书中探讨了他早期著作中提及的另外两种需求：求知需求和审美需求。这两种需求未被列入他的需求层次理论中，他认为这两种需求应在尊重需求与自我需求之间。

马斯洛把人类的需求分成三大层次。

一是基本需求，包括生理需求、安全需求。它们和人的本能相联系，与一个人的健康状况有关，缺少它们会引起疾病，甚至无法生存。

二是心理需求，包括归属和爱的需求及尊重需求。

三是满足一个人独特的潜能的需求，包括认知需求、审美需求和自我需求。它们不受本能所支配，不受人的直接欲望所左右，以发挥自我潜能为动力。满足这类需求，会使人产生最大限度的快乐。马斯洛还认为在自我需求之上，还有一个超级需求。

马斯洛的需求层次理论指出，人类的各种基本需求是相互联系、相互依赖和彼此重叠的，是一个有层次的系统。人的低级需求满足之后才会出现高一级的需求，只有所有需求相继满足后，才会出现自我实现需求。每个阶段占优势的需求支配着一个人的意识，成为组织行为的核心力量。

- **马斯洛的需求层次理论的局限与后人的发展**

马斯洛的需求层次理论是人类动机研究中一种乐观的观点，它无法普适到所有个体的心理系统。由于他的理论调查主要是针对事业成功者，所以一些案例不能科学地说明整个社会群体中各种人的需求和需求层次关系。而且，马斯洛的理论强调个人主义，与中国的集体主义文化不同。特别是这个理论在20世纪70年代的美国引起了许多人追求自我实现，导致个人主义膨胀，并引发了许多社会问题。所以，后人不把它作为需求的指导理论。但是，同时要看到的是，马斯洛的需求理论对于设计心理学的研究还是有借鉴作用的。

继马斯洛之后，后人对其理论做了许多补充和发展，比如在理查德·格里格和菲利普·津巴多的《心理学与生活》中就谈到人们有表达权力、征服和进攻的需求。美国行为激励学派心理学家奥德费于1969年在《人类需求新理论的经验测试》一文中，又对需求层次理论进行了补充，把人的需求按照其性质压缩为三种，即生存需求（Existence Wants）、相互关系的需求（Relatedness Wants）和成长发展的需求（Growth Wants），简称ERG理论。奥德费的观点与马斯洛的区别在于马斯洛的需求层次理论建立于"满足—上升"的基础上，而ERG理论既有"满足—上升"的一面，又有"挫折—倒退"的一面；"挫折—倒退"意味着在较高的需求得不到满足时，人们就会把欲望放在较低的需求上。ERG理论还认为人的需求次序未必如此严格，而是可以越级的，有时还可以有一个以上的需求。

美国心理学家麦克莱兰认为，除了人的基本生理需求，还有成就需求、权力需求和合群需求。这三种需求的排列层次和重要性是因人而异的。

3.3 用户需求与设计

- **通过寻找用户需求完成设计创新**

如果还存在未被满足的用户需求，就存在着新产品的市场需求，这就是创新设计的可能，开发者就可能在未来通过满足用户需求获得成功。

从需求出发做设计创新是设计师熟悉的观点，但是到底是从目的需求出发，还是从方式需求出发，就不是大多数设计师想得明白的了。人类的目的需求就那么几个，马斯诺需求理论已经梳理得很清楚。在互联网发展初期，只要有一个传统领域还没有互联网产品出现，就会把它搬到网上，便找到了一个目的需求的蓝海。比如 QQ 解决的是人们的社交需求，支付宝解决的是支付等金融需求（安全需求）。随着互联网的发展，目的需求的蓝海数量有限，蓝海也越来越少，但是，基于对需求的理解，可以得知同一个目的需求的实现方式是无限的。用户的满足目的需求是有限的，但满足目的需求的方式是多种多样的。不同产品可以提供不同的实现方式，这就是为何有了 QQ，还可以有微信，有了淘宝还可以有拼多多的原因。

✐ **案例：**

事实上，互联网发展至今，产品设计主要比拼的是对方式设计的无限探索。以微信为例，微信之前已经有非常成功的社交产品 QQ 了，但为何还会出现比 QQ 更成功的微信呢？其主要原因是用户使用 QQ 时以电脑端（PC）为主，而微信出现在手机兴起时（用户从 PC 端转移到移动端的过程）。即使 QQ 也有手机版，市场上也有飞信、米聊，但都没有微信更深刻地理解手机这个载体，也就是在手机上怎么满足社交这个目的需求。分水岭是微信 2.0 的语音聊天（对讲机），这个使用方式的突破，真正地与手机这个载体深度结合。这是它将所有竞品甩出几条街的核心竞争力。

所以，尽管在许多互联网产品已经非常成熟的今天，设计师们依旧要相信机会还有很多。当一种新的方式被发现，一种新的玩法被创造出来时，颠覆性的创新可能就应运而生。方式创新可以来自新技术，也可以来自对文化和日常生活的洞察，其中，无限的可能让设计可以赋能给产业，给用户带来更美好的生活。

- **设计不意味着满足所有的用户需求**

在市场普遍开始重视用户需求的今天，企业和设计师都开始关注用户需求，认为根据用户需求打造的新产品一定具有广阔的市场，能为企业赢取利润。特别是目前教育市场培养出来的一些设计师，在学校里学的是艺术和造型，不了解生产，不了解市场，不了解商业，就业后，如果没有充分理解商业和经济的运行规律，很容易孤芳自赏，认为设计可以解决一切问题。

这种脱离实际的观念也间接导致设计无法真正地为商业服务。简单地分析一下用户需求，如果对技术、市场等诸多因素没有全面地整合、分析，就急于投入设计，最后的结果可能是产品本身无法生存。只有正确把握市场时机，以适当的方式满足用户的需求，才会取得成功。

所以说，设计师关注用户需求是走进市场的第一步，但是不要以为用户所有的需要都需要被满足。从另一个角度看，一个成功的商品未必是满足了用户的所有相关需要的产品。比如，微信的稳步发展和现在拥有庞大的用户，正是因为其节制的宗旨，它能抵御各种诱惑，没有一味地满足用户的各种需求，多年来没有轻易扩展其基本结构，最终赢得了用户和市场。

- **逆向思维寻找需求，可以助力设计创新**

✎ 案例：

Poparazzi 于 2021 年 5 月 24 日在 App Store 上线，24 小时就冲顶 24 个国家综合下载量榜首。Poparazzi 一词来自狗仔队 Paparazzi。所以它就是一个让你和朋友互相成为对方的狗仔队的图片类社交软件。

通常拍照软件都是让人物变美，所以大多数产品都是在美颜方面极尽所能，让用户晒自己的美照。但 Poparazzi 反其道而行之，它不允许自拍，用户不能发自己的照片，用户只能拍别人，发别人的照片，传到别人的主页。它的美颜功能，鼓励用户发掘朋友的有趣瞬间，结果形成了大量搞笑 GIF 动图。

　　Poparazzi 的"反需求"打法，看上去与众不同，但是它为何能够这么火？首先，看看其他图片社交软件，它们主要抓住的是用户的"关注自我"需求（见 5.1.1），通过软件美颜，用户可以将形象更好的自己展现在其他人的面前，并希望得到大家的赞美，满足自我的良好感受。但随着美颜软件的大量产生，用户每天看到大量不真实的美图，审美产生疲劳，失真的感受也不再带来信任，这对社交无益，且形成了一个竞争激烈的红海市场。而 Poparazzi 的逆向思维拉出了一片蓝海：当他人拍你的时候，才是真正对你的关注。为了让照片能够被发出（软件设置了被拍的人可以选择展示或删除自己的照片），用户必须找到被拍人的真实而有趣的瞬间。其实这激发了用户对朋友的真正关注，从而真正地实现了社交的本质——拉近彼此的关系。

　　Poparazzi 的个人页面上有两部分：一个是朋友拍的你（用户），一个是你拍的朋友照片。这个貌似反"自我为中心"的安排，其实抓住的是除了社交需求，还是用户对"自我的关注"的需求。朋友拍的你那部分，是用户自己允许的照片，所以一定是那些你觉得从某个独特角度展现了你的特点的照片才被允许展现；而另一边是你拍的朋友的照片，那个更是展现你的才能的地方。所以从深层次来说，Poparazzi 的本质还是符合"自我关注"的需求，只是在实现方式方面有着独特的创新。

参考文献

［1］B2C 躁动——垂直网站集体转型综合百货卖场，中国经营报，2010-4-4.

［2］王佳伟. 创新项目失败常见的九大原因解析，2017-5-9.

［3］叶奕乾，何存道，梁宁建. 普通心理学[M]. 上海：华东师范大学出版社，2004.

［4］吴昊. 乔布斯传奇[M]. 北京：中国经济出版社，2011.

第 4 章　群体行为

行为是指人类与其他动物的动作、行动方式，以及对环境与其他生物体或物体的反应。[①]

---

① 行为，维基百科。

4.1 需要、动机和行为

4.1.1 从需要到行为

　　人类有着种种需要，需要是内在的、隐性的，不容易被观察，能够被观察的是人类的行为。通过观察人类的行为，推测其内在的需要，才是设计心理学研究的常见方法。

　　通过学习心理学，我们知道人类行为的形成通常是这样的一个过程：当个体由于来自外部或者内部的刺激而引起某种生理或心理的紧张时，个体处于一种不平衡状态。为了减少这种不舒适的紧张状态，个体产生需要。需要通过自我调节与外在诱因（目标和奖惩等）相联系，从而具有一定的方向性，并调动自身的能量，引起一定的情感反应，形成动机。

　　动机在自我调节的作用下使个体努力实现目标。外在诱因通过自我调节转化为个体内在的动因。自我调节包括期望、自我效能、意志和反馈一系列循环过程，它发动、维持和调节行为。行为结果的成功与失败归因成为有关后继行为的主要动机因素之一。如此引起新的需要，形成一系列螺旋式循环动机行为（见图 4-1）。[①]

　　需要与需求是有差异的。需要是意向性的，是个体朦胧的意向，还没有变成明确的指向。而需求通常指向现实，可以与购买力等相关，它是满足得起的需要。在设计

---

① 张爱卿. 论人类行为的动机——一种新的动机理论构建[J]. 华东师范大学学报（教育科学版），1996，01：71-80.

研究的很多情况中，两者是混淆的，其实，需求比需要更适合设计师使用。

图 4-1　需要、动机、行为的过程示意

4.1.2　福格行为模型

在探究人类行为与动机关系的许多研究中，设计师比较常用的包括福格行为模型。

福格行为模型 FBM（Fogg Behavior Model，FBM），由 BJ Fogg 在 2009 年提出。福格认为影响行为的三个因素是：动机（Motivation，做出行为的欲望）、能力（Ability，去做行为的执行能力），以及触发器（Triggers，提醒做出行为的信号）。当一个人有足够的动机，能力也可以胜任，再遇到可以引发该行为的条件（触发器）时，他的行为就会发生。2017 年，福格将"触发器（Triggers）"这个术语修改为"提示（Prompt）"。

福格提出的 B=MAP 的公式，以图形的方式表示为图 4-2。在纵坐标"动机"和横坐标"能力"构建的坐标体系里，有一条行动曲线（Action Line）。动机强（纵坐标值大）或能力强（横坐标值大）都有利于行为的发生，但仅此还是不够的。只有在适当时机下使用合适的提示（越过激活线）才能使得行为成功，从而落在行动曲线的右侧。

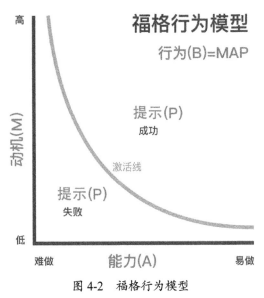

图 4-2　福格行为模型

设计师如果需要引导用户做出某种特定行为，必须研究动机、能力与提示之间的关系，为三者做出合适的设计。比如，很多电商希望让买家帮他拉来新客户（用户的行为），常常搞一些优惠活动（符合用户希望省钱的动机），要求买家拉自己的朋友（拉几个自己的朋友，难度不大，用户有此能力实现），而触发器或提示，就是诸如"砍价""转发抢红包"等活动。

4.1.3　社会行为

究其行为的内在需要和驱使动机，人类的行为可以分为本能行为和社会行为。本能行为更多基于人类的生物基础，是人生下来就具有生物遗传性的无条件反射行为。它构成了其后一切行为发生的基础。人类的社会行为，是人后天在社会环境中由社会刺激引起的行为，或者一个人的行为的结果引起另外一个人或人群的行为。不同的社会有不同的行为规范和文化。

社会行为是个体或群体在个体因素和社会因素的交互影响下为满足自身或所属群体的需要做出的行为。人们的社会行为各种各样，从设计的需求出发，设计心理学将群体行为和个体行为分别展开，使设计师了解心理学界已经研究发现的一些常见的社会行为及其内在的心理学归因和发展规律。

4.1.4　社会行为的动力因素

社会行为的归因一直是社会心理学研究的主要命题。人的社会行为，是本能使然，还是后天的学习或经验使然，一直是心理学家争论的问题之一。综合来看，以下几个方面可以成为社会行为的动力因素。

- **本能**

本能是个体与生俱来的、不学而能的由遗传因素导致的行为或行为倾向。随着个体社会化程度的提高，学习和经验日益丰富，在对社会行为的影响程度上，本能的作用在逐渐减少，后天的学习和经验所起的作用在逐渐增加。

- **社会情感、价值观、信仰**

在个体社会化过程中，人们通过学习获取经验，内化社会或群体的规范，形成自己的社会情感、价值观和信仰等。这些因素作用于人的内部心理活动，最终呈现为丰富多元的社会行为。

- **需要**

社会行为产生的根本原因是人的需要。个人的需要是多方面、多层次的，由此而决定的社会行为也是多方面、多层次的。需要及其满足在人的生活中具有目的性意义，需要转化为内驱力的作用机制源自机体均衡作用。

- **动机**

动机可分为内部动机和外部动机。内部动机是指人们对活动本身感兴趣，活动本身能使人们获得满足，无须外力作用的推动。例如，有些人发朋友圈，虽然未得到他人的表扬，但仍然感到自我满足，还会继续下去。

哈佛大学心理学教授布鲁纳指出，内部动机由三种内驱力引起：一是好奇的内驱力，即好奇心，好奇心是一种求知欲；二是胜任的内驱力，即好胜心，好胜心是一种求成欲；三是互惠的内驱力，人们需要和睦共处、协作活动。设计师需要把握住人类的好奇心、好胜心和互惠心，创造出充满乐趣、挑战和有助于增进人们合作的设计。

内部动机和外部动机必须结合起来才能对个人行为发生更大的推动作用。

- **诱因**

凡是能引起个体动机的外部刺激，称为诱因。诱因分为正负两种：凡是能引起个体趋近或接受并因之获得满足的刺激，称为正诱因，如各种奖励（美味的食物、金钱、崇高的荣誉等）；凡是能引起个体躲避或逃离，并因逃避而感到满足的刺激，称为负诱因，如各种惩罚（肉体的痛苦、自由的剥夺、人际的疏离等）。

4.2 群体行为的相似

在人类社会行为的相似性和差异性方面，并存着两种占统治地位的观点：进化观点，强调人类的联系；文化观点，强调人类的多样性。

人与人之间有许多相似之处，我们可以感知这个世界，会有饥渴感并能通过相同的机制获得语言。比如，世界各地的大多数人都会知恩图报、惩恶扬善，会服从并认可社会地位的差异，并且会对一个孩子的死亡感到悲伤。

同时，人类又有着种种不同。人类是否把苗条作为美的标准取决于生活的时代（唐朝以胖为美，当代以瘦为佳）。人类是倾向于表现自己还是相对保守，行为是比较随意还是比较规范，这和他们生活的文化环境有着很大的关系。

人类的基因让我们的行为有着极大的相似性，文化又使得人们的行为千差万别。

4.2.1 基因使人们的行为相似

人类的普遍性行为包括偏爱食用蛋白质、糖、脂肪等营养物质，追求有利于生存、繁衍并养育后代的事物，并以此保证自己的生存和繁衍。人们面临的问题具有相似性。比如，我该信任谁、害怕谁、帮助谁、何时与什么样的人结婚等。正是由于这些社会性的任务使得人类都是相似的，所以人们才会做出相似的回答。比如，人类会按照权威和地位对他人划分等级。

4.2.2　文化相似性：责任、互惠和公正的规范

- **责任规范**

人类社会的共同基本规范之一是责任规范。它指示我们应该帮助那些依靠我们的人。父母应该照料孩子，教师应该指导他们的学生，教练应该照顾团队成员，一起工作的同事应该相互照应。许多宗教和道德规范都强调帮助他人这一责任。这种义务有时甚至会被写入法律。相比较，人们更可能帮助亲戚和朋友，因为我们感觉对亲近的人责任更大，并且认为他们在我们需要帮助的时候也会给予帮助。

- **互惠规范**

互惠规范认为我们应该帮助那些曾经帮助过我们的人。

互惠规范也许可以解释网络上人们之间的互访行为。比如，一个人的微信朋友圈经常得到他人的评论和点赞，是因为他也经常去访问他人的朋友圈，并积极地留言。同时，他对他人的评论必回才能得到他人的再次来访和留言。经常互相关心并访问他人的朋友圈，积极留言，往往能得到对方的来访和留言，积极的回复会鼓励他人持续留言。

在互联网产品中，利用互惠规范的设计还有不少，如微博之间互相关注的现象、电商买家和卖家的互评等。

- **公正规范**

公正规范是一种关于公平公正地分配资源的规范，常用的方法就是均等分配。比如，在某个事件中获得了比别人应得的更多的一方会感到压力，他们会分给得到较少的一方。甚至那些看到这种不公正现象的旁观者，也有可能会分给得益较少的一方。每天发生的那些帮助不幸者的行为，如给慈善机构捐钱，似乎是被那种想创建一个更为公平的环境的愿望驱动。

4.3 群体行为的差异

4.3.1 文化使人们的行为多元化

以居家生活为例，"客厅不能开门就一览无余，中国人的文化重含蓄、内敛。西方人居家才是如此开门见山。"同样是居家生活，中国的生活方式和文化观念与西方的差异很大，自然承载其活动的住宅设计也就有着迥然不同的平面形态。在中国传统民居的院落样式里，有一层又一层的递进，从公共性较强的院落，逐步进入主要供家人使用的内庭院，甚至后院。中国人的内敛和内外有别的观念体现出来。但一些西式的住宅，一进门就是敞开的客厅，餐厅也常常与厨房连起来，作为开放的公共区域。

由于我国地域辽阔，各地的文化也有着一定的差异，其原因与历史、地理、气候、风俗等各个方面相关。建筑、室内、景观设计方面的差异性尤为明显。

南靖的土楼与湘西吊脚楼大相径庭。南靖土楼的独特形式是出于抵御山林野兽、强盗的需要，并体现儒家思想下大家族共同生活的理想，是这种建筑形式的特殊代表。如图 4-3 所示。湘西吊脚楼是一种干栏式建筑，体现了更开放的生活状态，其建筑形态出于通风防潮的需要，有效地抵御了毒蛇、蜈蚣等的侵害。如图 4-4 所示。

图 4-3　南靖土楼（拍摄者：赵明）

图 4-4　湘西吊脚楼（拍摄者：赵明）

| 4.3.2　两性的差异

哈里斯（Harris，1998）提道："人类共有 46 条染色体，其中有 45 条与性别无关。"虽然两性有许多相似之处，但两性仍然存在着差异。比如，女性对味觉和声音更为敏感，女性更容易焦虑和沮丧。而与女性相比，男性进入青春期的时间要比女性晚大约两年，但是死亡的时间要早大约五年。男性的自杀率是女性的 3 倍，男性酒精成瘾者是女性的 5 倍。

在社会生活中，已经有研究证明了两性的差异。如伊格利（Eagly，1995）的研究证明：对于男性来说，女性具有更小的攻击性，更加关心他人，更敏感。

从总体来说，女性比男性更重视亲密关系（Chodorow，1978，1989；Miller，1986；Gilligian & others，1982，1990）。对成年人来说，生活在个人主义文化中的女性经常用更富有关系性的词语形容自己，乐于接受别人更多的帮助，体验更多与关系有关的情感，并努力使她们自己与他人的关系更协调（Addis & Mahalik，2003；Gabriel & Gardner，1999；Tamres & others，2002；Watkins & others，1998，2003）。具有母亲、女儿、姐妹、祖母、外婆身份的女性可以很好地维系家庭（Rossi & Rossi，1990），女性会花更多的时间照顾孩子和老人（Eagly & Crowley，1986）。与男性相比，女性会花 3 倍的时间购买礼物和贺卡，用 2～4 倍的时间处理私人信件，给朋友和家人打长途电话要多 10%～20%（Putnam，2000）。对于女性来说，相互支持的感觉在女性对于婚姻的满意度中是非常关键的（Acitelli & Antonucci，1994）。

在一项名为"男人买，女人逛"的研究中，沃顿商学院"杰伊·贝克零售计划"与加拿大咨询公司维德集团的研究人员发现，女人们对与售货员进行个人互动的反应比男人们更加强烈，男人们更可能对购物经历的功利性方面做出反应，如是否有停车位，他们想买的东西是否有货，以及收银台排队的长短。

沃顿商学院市场营销学教授斯蒂芬·霍奇认为，购物行为反映了两性在生活中许多方面的差异。"女性从人际交往的角度看待购物，而男性更多地将购物当作一种手段，一件必须完成的工作。"根据调查，女性购物者更在乎售货员是否让她们感到受重视。"如果我们将男性顾客和女性顾客区别对待，将可望取得更大的成果。"杰伊·贝克零售计划的总经理埃尔琳·亚蒙丁泽指出"零售商应谨记，男性购物者和女性购物者的差异不仅体现在购买的物品上，他们购物的方式也不一样。"

普莱斯认为，沟通对于接待女性购物者是关键的。商店售货员需要了顾客是否正寻找某种日常用品，如化妆品，还是某种更重要和难以理解的东西，如某种非处方药或急救治疗物品。售货员为顾客在购买两种不同类别商品上提供帮助，需要不同风格的沟通。售货员必须经过培训，善于捕捉顾客的意图并做出反应。

WomenCertified 创始人迪莉娅·帕西认为，零售商早已感受到了男女顾客之间的差别。"这可以追溯到两者最早担当的采集者和狩猎者角色，女性是采集者，男性是狩猎者；女性走进一家商店，浏览打量商品，男性则直接寻找产品所在的特定过道。"她指出，科学研究显示女性比男性拥有更好的周边视觉，这有利于她们进行采集。帕西认为，决定各自购物体验的男性和女性对购物的基本态度——女性更侧重于体验，而男性更多把它当作使命——并非一定会导向女性更情绪化更软弱的性别刻板印象。[1]

① "男人买，女人逛"：两种性别购物时的不同侧重点，2008.2. 维普期刊专业版.

4.4 社会道德规范评估与设计判断

根据本章所列出的大多数社会学对群体行为规律进行总结，设计师可以将它们做成对一个产品、一个企业的"社会道德规范评估与设计判断"，如表4-1所示。操作方式如下，首先，针对产品（包括互联网产品或与产品相关的企业态度和措施）的各种功能和操作方式进行判断，是否违背包括责任规范、互惠规范、公正规范、时间排序、利他与亲社会、避免破坏性传播与从众、去除偏见等7条具有普适性的社会道德规范评估。如果违背，需要写出具体内容；然后对不同规范进行重要性的权重评分，不同的产品在不同的规范方面是不同的，比如音乐类产品，其"时间排序"和"公正规范"都关系到版权等问题，这两项就需要打分高一些；权重评分完毕后，对权重相应高的规范展开其针对哪些具体设计点的分析，哪些设计需要加强，哪些设计需要去除，哪些设计需要修改，最后，从企业层面上"如何鼓励"，要选出相关规范，在整体的企业发展战略层面进行判断。另外，表4-2是附在"社会道德规范评估与设计判断"后的对各个规范的简要说明。

表 4-1 社会道德规范评估与设计判断

		是否违背	权重	设计取舍	如何鼓励
1	责任规范				
2	互惠规范				
3	公正规范				
4	时间排序				
5	利他与亲社会				
6	避免破坏性传播与从众				
7	去除偏见				

表 4-2 社会道德规范条例说明

1. 责任规范 它指示我们应该帮助那些依靠我们的人。父母应该照料孩子，教师应该指导他们的学生，教练应该照顾团队成员，一起工作的同事应该相互照应。许多宗教和道德规范都强调帮助他人这一责任。这种义务有时甚至会被写入法律。
2. 互惠规范 认为我们应该帮助那些曾经帮助过我们的人。
3. 公正规范 它是一种关于公平公正地分配资源的规范。 通常，在某个事件中获得了比别人应得的更多的一方会感到压力，他们会分给得到较少的一方。甚至那些看到这种不公正现象的旁观者，也有可能会分给得益较少的一方。 每天发生的那些帮助不幸者的行为，如给慈善机构捐钱，似乎是被那种想创建一个更为公平的环境的愿望驱动。
4. 时间排序 人类根据出生前后、关系缔结前后的顺序排序。后来者需要尊重前面的人，形成人伦关系。比如，亲子关系要遵从夫妻关系，因为他们的生命是夫妻关系缔结后的产物。
5. 利他与亲社会 先救亲友，后救路人？进化论观点认为，帮助亲友有利于繁衍后代，使得基因往下传。 为何帮助路人？互惠性利他主义，希望其他人也对自己做出利他行为。比如，利他的男人更受女性喜欢，乐于分享资源共同抚育后代。
6. 避免破坏性传播与从众 群体冲动、易变、轻信、急躁、偏执、专横、感性、极端化、不允许怀疑和不确定存在，好比生物的低等状态……这与组成群体的个体素质无关，这时候起决定作用的是本能和情感，是一种"无意识"的层面，而不是理性，所以，高端人士与凡夫俗子组成的群体差别不大。 群体不善推理，却急于行动。 高深的观念必须经过简化才能被群众接受，这和做产品很像，普适的产品一定是非常简单通用的。 影响群体，万万不可求助于智力或推理，绝对不可以采用论证的方式，而是应该从情感层面施加影响。
7. 去除偏见 针对特定目标群体的一种习得性的态度，它包括支持这种态度的消极情感和消极信念（刻板印象），以及逃避、控制、征服和消灭目标群体的行为意向。

✍ 参考文献

[1] 戴维·迈尔斯. 社会心理学[M]. 北京：人民邮电出版社，2006.

[2] B.J.福格（BJ Fogg,PhD）. 福格行为模型[M]. 天津：湛庐文化/天津科技出版社，2021.

[3] 泰勒，等. 社会心理学[M]. 上海：上海人民出版社，2010.

[4] 李彬彬. 设计心理学[M]. 北京：中国轻工业出版社，2001.

第 **5** 章 个体行为

虽然人的需求具有普遍性，但从单一个体来说，人类的一些心理现象具有非常强的相似性，本章列举的几个方面基本都存在跨文化的普适性。

5.1 自我

5.1.1 我们非常关注自己

在我们的心中，自己比其他任何事都重要。通过自我专注的观察，我们可能会高估自己的突出程度。这种焦点效应（Spotlight Effect）意味着人类往往会把自己看作一切的中心，并且高估别人对我们的注意度。

为了给他人留下良好的印象，我们会关注其他人的行为和期望，我们会努力地改善自己的外表、行为和表现。对自我形象的关注促使我们做出很多行为。同样的现象也出现在我们的情绪上。我们总能敏锐地注意到自己的情绪，虽然别人觉察的实际上比我们认为的少。这种现象叫透明度错觉。

我们经常会变换自己的微信头像或朋友圈的封面，以表达自己的观点和情绪，这份用心通常要高于我们关注他人的微信头像或朋友圈封面的程度，甚至于许多朋友仅从微信"发现"栏里，浏览他人发布的状态，而很少专门去看他人的朋友圈，也就意味着很少关注他人朋友圈的封面。如果思考过这样的问题，设计师也许就懂得了，在设计一个个人主页的背景，或者设计一个个人网页的"皮肤"时，应该更多地关注用户如何表达自我这方面的动机，因为用户更关注的是自己。

✎ 案例：

现在买一部手机可以有许多选择，比如苹果、华为这样的名牌手机也有不同的价位和机型。但是你知道吗？一个攀附着手机兴起的市场有着更大的利润，它就是手机美容业。猜猜一个精致的水钻手机壳价格是多少，300～1000 元很常见，其平均价格早就突破了普通手机壳的价格。

对于时尚的人们来说，换手机壳像指甲美容一样要时常做，也许几次下来，花费的钱差不多可以买一个不错的品牌手机了。手机美容的消费是典型的一种自我展示的途径，由此可见，人们为表达自我投入了很多。

5.1.2 社会比较

自我的概念，即对自己是谁的认识，不仅包括你的个人身份，还包括你的社会身份。对于自我的看法，是不能脱离他人的，我们把自己和他人比较，并思考自己为何不同，这种方式叫社会比较（Festinger，1954）。结合了后人对 Festinger 理论的发展，社会比较理论认为人们有准确评估的驱动力，他们会评估自己的观点、能力情绪、人格及在薪水和声望这类维度上的结果。当缺乏直接客观标准时，人们通过与他人进行比较来评估自己。一般来说，人们倾向于与类似的人进行比较。社会比较过程影响个体社会生活的许多方面。当社会群体比较认为自身处于经济和社会地位的严重劣势时，会引发群体间的冲突。这可以解释仇富行为的动机。

社会比较可以服务于多种个人目标和动机。这些动机往往与驱动自我调节的动机相同。

- **自我增强**

人们可能并非寻求真实的自我评价，而是寻求显示他们优越的比较。特别是当不幸或挫折环境威胁自尊时，人们倾向于将自己与更差的人进行比较（Gibbons et al.，2002）。自我增强的愿望促使人们进行向下的社会比较（Downward Social Comparison），将自己与不那么幸运、不怎么成功或者不快乐的人进行比较（Lockwood, 2002; Wills, 1981）。

- **自我改善**

与自我增强相反，人们有时候把自己与那些能够当作成功榜样的人进行比较。很多雄心勃勃的游戏玩家会以更成功的玩家为榜样，研究他们的攻略，从他们那里学习经验。也就是说，自我改善的愿望可以带来向上的社会比较（Upward Social Comparison）。许多游戏都有排行榜，通过看到玩同一游戏的其他人的成绩，设计师希望能够激励玩家不断努力，希望玩家在游戏中花更多的精力和时间。传统的游戏，其排行榜上的名单通常是不认识的人，成绩也被不断刷新到无法超越的地步。这样有时候反而会带来向上社会比较的弊端，即让人气馁，造成无能、妒忌、羞愧或者不胜任的感觉（Patrick, Neighbors, &Knee, 2004）。究竟向上的社会比较是激励的还是令人气馁的，取决于自己能否达到表现更好的那个人的标准（Lockwood & Kunda，1997）。可以达到的标准是激励的，而无法达到的标准是令人气馁的。

✍️ 案例：

　　微信运动、微信读书等系列产品与其他产品重要的不同之处是它将用户与用户的好友进行比较。当用户看到那些周围熟悉的人，或高或低地在自己的上面或下面时，更容易激发用户想要超越好友的斗志。而通常这些普通人的运动或读书量差异并不会很大，与那种全体游戏玩家积分的排行榜不同，超越好友往往不会遥不可及。微信读书排行榜如图 5-1 所示。

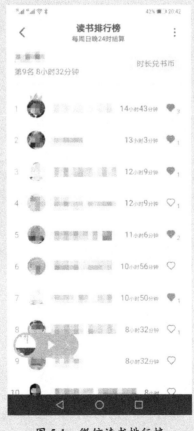

图 5-1　微信读书排行榜

• 自我控制

自我的概念会影响我们的行为（Graziano & others，1997）。对自己的能力与效率的乐观信念可以获得很大的回报（Bandura & others，1999；Maddux，1998；Scheier&Carver，1992）。能自我控制的人更少焦虑和抑郁，更有韧性，生活得更健康，有更高的学业成就。但是，自我能力是有限的（Baumeister & others，1998；Muraven & others，1998）。努力进行自我控制的人——强迫自己吃萝卜而不是巧克力，或压抑被禁止的思想——随后在遇到无解的难题时会更快放弃（Julia Exline，2000）。但是，是否能进行自我控制，对人们的发展和感受有着很大的影响。那些认为自己是内控（认为自己的命运是由自己来控制的）的人更可能在学校表现优秀、成功戒烟、系安全带、直接处理婚姻问题、挣更多的钱，并且可以延迟满足以实现长远目标（Findley & Cooper，1983；Lefcourt，1982；Miller & others，1986）。如果在设计中给用户鼓励，让他们相信努力、良好的习惯和自律可以产生不同的效果，那么用户会更容易实现成功的操作，有更高的满意度和优良的成果。

不仅是主观上，人们的自我控制观念会影响他们的行为和感受，客观的外部条件也是增强或减少人们控制感的影响因素。Timko & Moos 在 1989 年发现，"和你一起住的人如果可以自己选择早餐吃什么，什么时候去看电影，晚睡还是早起，那他们可能活得更久并一定会更快乐。"设计师应当考虑到用户自我控制感受的环境条件，当用户在一个可以允许个性化选择的网站里浏览的时候，他们会感到更开心，虽然他们未必会使用那些选项。这样的自由和自我决定是否越多越好呢？心理学家 Schwartzz 认为，个人主义的现代文化确实存在"过度自由"，这反而导致了人们生活满意度的下降和抑郁症的增多。比如，在从 30 种果酱和巧克力中做出选择后，人们表示其选择的满意度比那些从 6 种物品中做出选择的人的满意度低（Lyenger & Lepper，2000）。

✎ 案例：

当用户在 A 电商网站输入关键词并搜索后，数十页的货物列表的确使用户无所适从，加上大量货物图片重复出现，用户很难在这样的信息里判断哪个真正适合自己。但如果在 B 电商网站，一次搜索后只给你 10 多项选择，用户可以迅速有效地进行选择。两者比较，B 电商网站反而赢得了更高的用户满意度。

更多的选择可能带来信息超载，也带来更多后悔的机会。心理学实验表明，人们对无法反悔的选择的满意度，比对可以反悔的选择（当允许退款和更换时）的满意度要高。但是，人们似乎也喜欢并愿意为推翻这种选择的自由付出代价。尽管这种自由"可能会让你产生不满意"（Gilbert & Ebert，2002），拥有一些无法反悔的事会让人们的心理感觉好一点。这可能有利于解释一种奇怪的社会现象（Myers，2000）：国家调查数据显示，过去人们对无法反悔的婚姻表示了更高的满意度。现在，尽管人们有了更多的婚姻自由，却对他们拥有的婚姻表现出较低的满意度。

5.2 人际关系——喜欢或不喜欢他人

从出生到死亡，人际关系是人类经验中的核心部分。人类是社会性动物，强烈需要与他人关联。归属于某一群体使人们的身心得以存活（Fiske，2004）。建立社会关系的需要是人类进化遗传的一部分（Berscheid & Regan，2005）。人类从出生的第一天起，其生存就要依赖他人。人类在婴儿时期就有观看面孔的倾向。人在一生中不断地寻找伙伴、朋友和爱人。仅仅有他人在场是不够的，人们想要和关心自己的人建立亲密关系。信息时代的产品，不再是简单的人与物的关系，通过物质的和非物质的产品，将人与人、人与群体（包括企业、政府等）联系起来。比如，针对 SNS 产品的设计，就需要懂得人们建立人际关系的原因、人际互动的规律。这样，通过网络这个媒介，推动人际交往，分享感受和信息，增进感情，使得人们交流畅通、消除误解等。

我们为何喜欢一些人而不是另外一些人呢？什么决定了我们选择某些人作为朋友呢？一个普遍的原则来自社会交换理论：当我们察觉与某些人的交往是有利的，也就是当我们从关系中得到的回报大于付出时，我们就会喜欢他们。而具体的表现是以下四个重要因素，使得我们更喜欢一些人，而非其他人。

5.2.1 接近性：喜欢附近的人

1950 年，社会心理学家（Festinger，Schachter，Back，1950）在西门西（Westgate West）的大型建筑公寓群里进行了接近性实验。实验表明，被试对"在西门西，你在社交时经常遇见的是哪三个人？"的回答中，有约 41%的人回答"紧挨着的邻居"，回答"一门之隔的人"仅占 22%，回答"走廊另一端的人"占 10%。而另一项调查显示，当人们描述"难忘的交流"时，大部分的交流都是和身边的人进行的，要么是同一栋住宅内的人，或者距自己 1km 以内的人。这个发现在美国和中国的三个不同的样本中得到重复验证（Latasne，liu，Nowak，Bonevento，Zheng，1995）。其原因是物理距离近的人更容易接触，所需的交往成本，比如时间、计划和金钱等，都低于与远距离的人的交往成本。另一种解释是认知失调理论。这一理论表明，人们力求保持与他人的观点和谐或一致——协调他们的喜欢和不喜欢达到平衡一致的状态。这种压力让我们喜欢那些我们必须接触和联系的人。

✎ **案例：**

　　虽然微信在大多数人眼里是熟人社交工具，但在与陌生人的社交方面它也做了不少尝试，比如在"发现"栏里的"附近的人"和"摇一摇"功能，都是通过地理位置的接近，或者同样行为创造社交机会的。如图 5-2 所示。

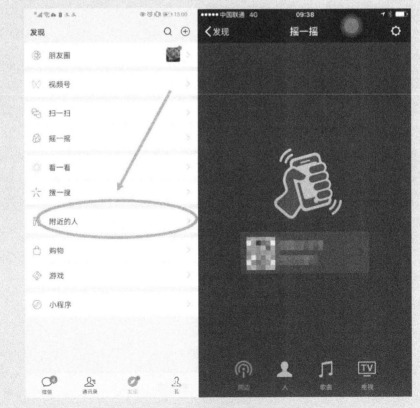

图 5-2　微信的"附近的人"和"摇一摇"

5.2.2　熟悉度：喜欢我们经常看到的人

住得近的或者一起工作的人对我们来说变得熟悉起来，而且这种熟悉能够加强人际吸引。的确，只是经常接触某人就能增加我们对他的好感度。1968 年，罗伯特·扎琼克证明了简单暴露效应。进化心理学家推测，人类可能有一种天生的对陌生的恐惧感，因为陌生的人或物体可能代表一种威胁。相反，熟悉的人和事物给人以舒适感。也许，反复的曝光提高了我们对一个人的认识，而认识的提高是我们走向喜欢这个人的有益一步。随着人们变得更加熟悉，他们的行为也更加具有可预测性。我们甚至会假设熟悉的人和我们具有相似性，比如，都喜欢到同样的地方购物，总是同一时间下班。曝光效应的局限性是，如果两个人彼此一开始就反感，不断的曝光反而会增加厌恶感，也增加了冲突的可能。所以，曝光效应更多的是发生在彼此有好感或者至少是中性的情况下。还有，曝光效应也会引起厌倦和腻烦。也许，根据人和环境的不同，最大限度地增加好感度的曝光量可能有一个最佳水平（Bornstein，Kale，Cornell，1990）。

5.2.3　相似性：喜欢那些像我们的人

物以类聚，人际吸引的另一个基本因素是相似性。我们倾向于喜欢那些和自己有着相似态度、兴趣、价值观、背景、个性特征的人（Ahyun，2002）。这种相似性的影响涉及友谊、约会和婚姻。当属于不同种族、宗教信仰和社会群体的人们有机会交流并发现拥有共同的价值观和兴趣爱好时，友谊和爱情经常超越背景差异而产生。另一个貌似不同的规律是"相反吸引"，即我们喜欢那些与我们不同的人，并彼此互补。研究表明，大多数有相似性的夫妻，两人都有相似的价值观和目标，或者关于婚后如何生活的共同信念，他们不同的兴趣和技能使他们能够以互惠的方式汇集他们共享的知识，合作生活。因此，一些交友网站在用户登录的时候，收集他们的观点和习惯，将观点类似但习惯或爱好不同的人匹配在一起，取得了良好的效果。

相似性原理的应用不仅体现在交友网站，还可以广泛地应用到电子商务的设计里，比如，一些网站有"购买此宝贝的用户还购买了""浏览了该宝贝的会员还浏览了"这类功能。

✎ **案例：**

一些 App 也会应用相似性原理。比如，用户可以通过"喜欢读×××的人也喜欢"，找到相似的书；通过"谁读这本书"，和其他用户交流；通过"喜欢这本书的人关注的活动""在哪里买这本书"，实现用户购书的动机。这些方法使得用户黏度增高。其他诸如"看过这家店的人还看过""相关榜单""你可能感兴趣"等功能也应用了相似性原理。

| 5.2.4　合意的个人特征：热情和能力

一些美国女性认为瘦是一种美，而其他国家的人们可能会喜欢身材丰满的女性。即使在同一种文化下，不同的个体也会有不同的喜欢类型。什么样的个体特征会赢得大多数人的喜欢呢？研究表明，那些在交往中表现热情的人，更容易得到好感，而且我们钦佩那些有能力的人（Lydon, Jamieson, Zanna, 1988; Rubin, 1973）。

什么样的人是热情的人呢？这个问题难以完整地回答，但是一个重要的因素是拥有积极的态度。当人们对人和物有正面的态度时，人们表现出热情。相反，当人们不喜欢一种事物，贬低它们，说它们是糟糕的，总是吹毛求疵时，人们表现出冷漠。

当遇到对自己很热情的人时，也许不仅仅因为对方是个热情的人而吸引我们，对我们表示热情也可能代表对方对我们的喜欢。而研究表明，我们喜欢那些喜欢我们的人。

喜欢通常是相互的。接近性和熟悉度影响我们最初被谁所吸引，而相似性会影响长期的吸引。如果我们有一种强烈的归属需要，以及被喜欢、被接纳的需要，我们还会不喜欢那些喜欢我们的人吗？的确，一个人喜欢他人的程度，可以反过来预测对方喜欢他的程度（Kenny & Nasby，1980）。研究表明，当告知某些人他们被别人喜欢或仰慕时，他们就会产生一种回报的情感（Berscheid & Walster, 1978）。但是，我们也要知道，相对积极的评价产生好感，消极的评价更让人敏感（Berscheid & others, 1969）。作家拉里·金曾多次强调了否定的作用，"多年来，我发现了一个令人奇怪的现象，积极的评价无法总让作者产生好的感觉，而消极的评价则总是让他产生坏的感觉。"[①]

---

① 戴维·迈尔斯. 社会心理学[M]. 北京：人民邮电出版社，2006.

　　然而，他人对自己的消极评价一定会使我们不喜欢对方吗？不一定。比如"愤怒主播"万峰，语言尖刻、情绪激动，不给打进电话的人任何面子，一律教育加谩骂。按理说，如此激烈的消极评价只会使人避之不及。但是，就有那么多人熬到深夜，排着队去找他骂。这种现象的背后有着复杂的因素，其中的原因之一是"权威暗示效应"。

　　其实，万峰的背景是一名媒体编辑，没有受过任何专业咨询的培训。他以家长式的疾风骤雨、不容置疑的方式对待听众的求助。万峰给自己的角色并不是一个站在客观角度的咨询者，而是作为一个年长者给别人自己的个人经验，所以认可和崇拜他的来电者多为异性。有的听众就这样说："万峰的风格就是迅速看透事物的本质，迅速给予疾风暴雨般的批判，还不给对手任何反击的机会。真诚、智慧、不矫揉造作，所以我喜欢他。"所以，人们对他的喜欢更多来自对他的能力的崇拜。我们喜欢拥有社会技能、聪明和有能力的人，结交有才能的人通常比结交无能的人有益。

　　在互联网时代，信息可以使个体的内在能力外显出来。在依靠传统媒体传播的过去，除了有限数量的名人被公认为能人，一个普通的民众是很难让大家知道自己的能力的。现在，发朋友圈、写帖子、发评论、发微博等多种方式，使得每个普通人都能发出自己的声音。而大家对这些"声音"的评价通过信息方式外显出来，比如"被浏览数""粉丝数""加精""网站等级"等。如今，我们通过网络更容易了解人或者群体的能力。设计师需要做的是，如何通过适当的途径了解对方的能力。

✎ 案例：

　　以淘宝网为例，如何让买家了解某一个商品是否值得购买呢？淘宝网通过对以往买家的评价数据进行外显设计，以供后来的买家了解、判断。淘宝网的设计包括针对店铺的总体评价，如"好频率""描述相符打分（提供优质商品的能力和诚信能力）""服务态度（售前和售后服务能力）""物流服务（快递合作的能力）"等（见图 5-3），还有针对具体商品的诸多评价项目。经过这样的设计，即使是第一次进店购买的买家，也可以通过他人的评价，得知卖家是否值得信任，从而帮助决策是否购买。我们会喜欢那些得到众人好评的店家，即使这次不买，也会把它们收藏起来。

图 5-3　买家可以看到的店铺评价

5.3 利他与社会交换

进化心理学认为"人生来自私",生命的本质就是使基因存活下来。理查德·道金斯的畅销书《自私的基因》描述了一个丑陋的人类形象。那些预示个体为了陌生人的利益而自我牺牲的基因,是不会在进化的竞争中存活下来的。不过,它解释了人们为何愿意为与他们有亲缘关系的人做利他的事,自我牺牲。典型的例子是父母对孩子的无私爱护,这是基因赋予人类的。那些把孩子的利益看得高于自身利益的家长,比忽视孩子的家长更能传承其基因。

但是,如何解释雷锋现象,如何解释大学生为救老汉跳入粪池,如何解释人们为汶川地震灾区的陌生人募捐呢?也许是物种的本能让我们帮助不相关的人的,以使得人类能更好地延续。

5.3.1 利他

利他主义是自私自利的反义词。一个利他的人即使在无利可图或不期待任何回报的情况下,也会关心和帮助别人。利他行为是人类美好的活动之一,它有利于整个社会向更和谐、更善意的方向延展。当人与物、人与产品、人与环境不断发生互动的时候,更多的利他活动和行为的发生,将给人类环境带来更良性、更健康的影响。利他行为不仅仅对他人有利,也不仅仅通过对群体的整体利益增进而使得每个个体受益,它还直接使施惠者本人生活得更愉快、更健康。一个能引发利他行为的设计或者产品,能带给人们内心的愉悦,促进人与人的信任、关爱,最终使整个社会走向良性发展。

5.3.2　社会交换

人们之间不仅交换物质性的商品和金钱，还交换社会性的商品——爱、服务、信息、地位等。在这个过程中，人们采用"极小极大化"策略——令花费最小化，收益最大化。社会交换理论并不主张我们有意识地去监控花费和收益，只是表明这类因素能预测人们的行为。

而催生帮助行为的报偿有外部的，也有内部的。捐款能提高商人的企业形象，让顺路的人搭车能获得称赞或友谊，这些回报都是外部的。我们的付出是为了收获，因此我们会热心地帮助那些对我们有吸引力的人，帮助那些我们渴望得到赞许的人（Krebs，1970；Unger，1979）。

帮助行为也能提升个体的自我价值感。给予他人情感支持，对自己也具有积极的作用，会使自己产生积极的心境（Gleason & others，2003）。大量研究表明，投身于社区服务计划、以学校为基础的"帮助他人学习"或辅导儿童等活动的年轻人，都发展了社会技能和积极的社会价值观。这些年轻人明显地更少面临犯罪、未婚先孕、辍学等危机，而更可能成为良好公民。志愿者行动也同样有益于成年人的精神状态乃至健康状况。所以，人们做了好事之后会做更多的好事。

这也许能解释为何总有很多人愿意帮助网上的求助者，回答他们的提问，除了获得积分，利他行为本身也给回答者带来愉悦。这也可以解释很多电商平台上，总有一些非常认真地写评语的买家，认真书写评语不会给买家带来任何直接的好处。而正是因为这样的利他行为，没有外部的回报，所以人们会认为它们更可信。这也证明了斯金纳的看法，只有当我们不能解释别人做好事的原因时，我们才会因此信任他们。我们才会把他们的行为归因于他们内在的品质，而当外部原因明显时，我们就会相信外部原因，而非个人品质。

从电商的角度来看，鼓励买家认真写评语有利于让后面的买家了解卖家和商品的真实情况，对网络销售来说是非常有益的。真实、负责的评语，可以帮助好卖家更受欢迎，不负责任的卖家会被淘汰出局。在正常情况下，能认真负责地写评语的买家是比较少的，这和现实生活中有限的利他行为一样。那么，如何增进这种利他行为呢？根据皮列文及其研究小组对威斯康星献血者的研究，人们在决定是否提供帮助之前有精细的盘算。人们像是要为自己的同情心找些借口似的，当给捐献者提供一些诸如糖果、蜡烛之类的小礼物时，他们就会向慈善机构捐献更多的钱。也许，给买家提供一

些微不足道的 "鼓励"，他们会更认真地写评语，即做出更多的利他行为。

　　研究表明，帮助行为的收益包括内部的自我回报。接近一个痛苦的人，我们也会感到痛苦。但是，痛苦并不是我们要减轻的唯一的消极情绪。从古至今，避免内疚感常常是人们决定利他行为的原因。如果人们的利他行为能减轻心里的内疚感，比如不扶起一个摔倒的老人，人们会认为对他的痛苦负有一定的责任，那么人们会决定帮助他。

　　利他行为与消极心境有关。研究表明，对于成人来说，如果到了极度悲痛、愤怒的状态，或因极度悲痛而进入强烈的自我关注状态，人们就会通过利他行为得到内在的回报，这样有助于抵消不良的感受。不过，这种做法不适用于儿童。社会心理学家证明帮助行为来自社会化过程。最初的帮助行为是因为物质回报，其后是社会回报，最后才是自我回报。

　　相比具有消极心境的人，快乐的人更乐于帮助别人，这个效应同时适合大人和孩子。帮助行为能缓解不好的心境，也能维持好的心境。反过来，积极心境又会产生积极的想法和积极的自尊，从而导向积极的行为（ Berkowitz, 1987；Cunningham & others，1990；Isen & others，1978 ）。所以，有积极想法的人往往更可能有积极的行动。

第6章 认知心理学与交互设计

随着时代的发展，设计已经融入生活的方方面面，为了创造更好的产品，满足各类用户的需求，设计师需要不断地了解各个方面的知识，包括行业知识、用户习惯、商业目标等，这些知识与信息随着时代的变迁会不断地改变。但唯独研究人类本身对事物的记忆、认知、生理特点的认知心理学知识，是最基本的，不容易因时代的变化而改变。

掌握认知心理学知识，从根本上理解用户是如何理解美、认识事物的，可以避免设计师在设计产品时犯不必要的低级错误，也能利用人类觉知、学习、记忆和思考问题的规律创作出优秀的界面，使产品在激烈的竞争中脱颖而出。

6.1 认知心理学在交互设计中的应用

认知心理学并不算是一门新兴的学科。20 世纪 50 年代中期就有了现代认知心理学思潮，因奈瑟[①]出版《认知心理学》一书而得名。到 20 世纪 80 年代，认知心理学逐渐成为西方心理学界盛行的新流派，占据了西方心理学领域的主导地位。

当你在思考以下问题的时候，你需要用认知心理学方面的知识来解答：

1）人们如何识别各种不同形状的物体？

2）为什么人们记住了一些事却忘了其他事？

3）人们如何学习语言？

4）当解决日常问题时，人们如何思考？比如，汽车事故要比飞机事故多，但为什么很多人还是不愿意坐飞机？

以上这些问题都属于认知心理学的研究范围，总而言之，这是一门研究人"从感知到决策"这一过程的学问，它是研究人如何觉知、学习、记忆和思考问题的科学。

在认知心理学的应用中，值得研究的有三个要素：**固有的经验、当前的环境、期望的目标**。

6.1.1 认知心理学的三要素

你想自驾游去西藏，如果你不了解西藏或者没有太多旅行经验，你对西藏的看法

---

① 奈瑟（Neisser）是一位出生于德国的美国心理学家，是以信息加工理论为基础的现代认知心理学的先驱，因其开创性的著作被誉为"认知心理学之父"。

肯定和一位经验丰富的旅行家有相当大的差别。在决策上，你可能抱着"趁着年轻这辈子一定要去一次西藏"的强烈愿望踏上旅途；而后者去西藏，只是把西藏作为他征服世界的备选方案之一。

这就是固有经验对人的影响。

在去西藏的路上，你路过青海湖，周围的美景不断扑入眼帘，让你非常兴奋，忍不住停下车拍下周围的景色，却忘记了今天要开到最近的补给站还需要好几个小时。

这就是当前环境对人的影响。

到了拉萨，看了美景，当你准备心满意足地打道回府时，却发现有一个小伙子带着很大的有点儿夸张的行李、推着山地车进了旅舍，他准备修整之后继续他挑战自我的西藏骑行。

这就是期望的目标对人的影响。

6.1.2 认知心理学的起源和发展

认知心理学的应用研究范围最初起源于生物心理学，在语言学研究中得到发展。与此同时，技术的进步也推动着认知心理学的兴起，电信、人类工程学、计算机、互联网、AI（人工智能）、AR（增强现实）/VR（虚拟现实）、声音识别、面部识别、指纹识别、NFC（近场无线通信技术）、可穿戴设备等技术的发展使人们每天接触的界面不断变化，从虚拟的界面变化为拟真的界面，甚至虚拟与现实相结合，交互刺激从视觉向多元化发展。面对飞速的变化，人们越来越不能用他们之前或日常生活中司空见惯的模式来感知、理解这些界面；大量表达信息的新符号也层出不穷，人们每天要处理的信息不断在挑战处理能力的极限，而这些原本不存在的问题恰恰给了认知心理学更多的研究课题。

起初，认知心理学只是与工业设计挂钩，实体的产品需要考量操作者的各种限制与思考模式，避免失误操作给工作和日常生活带来不必要的麻烦。随着电子设备屏幕的出现，随之而来的是互联网的兴起和手持设备的春天，这些都让认知心理学和平面设计、多媒体互动设计、交互设计、服务设计有了更多的关联。

6.1.3 人机界面设计的变迁和认知心理学

• 人—物交互

在工业产品未出现屏幕之前，人与物的交互主要局限在对物体变化部位（实体界面）的操作上，如推、拉、旋转、按下弹起、摩擦、敲等。这时候的产品设计主要考量人身体各部位的生理极限。

- **人—屏交互**

从 20 世纪 90 年代至 2011 年，随着技术与互联网的普及，与固定设备电子屏幕界面的交互成为主流，从开始需要耗费用户大量记忆、学习门槛高的命令行界面①，到图形化软件界面②，人们的认知负荷有所增加，长时间单项作业、短时间并行作业的情况增加，同时软件开发由于计算机编程与设计工具的日臻成熟成本越来越低，如何提高系统的操作效率与评估产品界面设计的体验变成了认知心理学研究的课题。

- **人—机—场交互**

带有大量传感器且便利的触控智能手机于 2011 年爆发式普及，这极大地改变了人类原有的交互媒介，更加便利的移动智能设备（以 iPhone、iPad、Kindle 为代表）和爆发式增长的 App③开始大量占据人们的休闲娱乐时间，计算机等固定设备的使用逐步局限于工作场景。直接使用手指和屏幕进行互动或者使用身体和设备进行交互，声音、温度、位置、周围环境等在原来计算机上难以进行互动的要素，因为智能设备硬件科技的发展可以随心所欲地反馈给设备，让用户得到更好的体验。各大厂商的宣传也都强调这些方式更符合人们操作的本能。

这就要求设计者具备一定的认知心理学知识，可以分析用户在使用时所处的场景，思考他们的本能反应和固有习惯，保证他们"一看就会用"。

- **人—AI—万物互联**

在 2016 年之后，IoT（物联网）技术与人工智能等重要技术商业化，有趣的解决方案不断涌现在人们面前，人和物体一天内所有的行为、出行路径等都被数据化，并且互联互通，这些数据也为我们的生活带来便利。例如，对着智能音箱喊一声"电视"，电视就能自动开启，能远程操控家里的电路开关，通过路况录像的监控推算适合的出行路径等。

---

① 在图形用户界面普及之前比较广泛的用户界面，用户通过键盘输入指令，计算机接收指令后，予以执行，例如 MS-DOS 系统。如需熟练操作，操作者需熟记大量的命令信息。

② 20 世纪 80 至 90 年代，各大公司相继推出了支持所见即所得的界面的软件系统，施乐公司推出 Star（1981），苹果公司推出 Macintosh（1984），微软公司发布 Windows 3.1（1992）。

③ 在 2008 年至 2015 年，娱乐与消费相关的 App 爆发式增长，覆盖电子商务、社交、旅游、移动支付、游戏、视频、出行等场景。

随着技术成本的降低，设计者需要更精细化地把握用户的潜在欲望与心理状态，充分运用认知心理学知识理解人性，发掘更有趣味的商业化场景，创造出各类小而美的产品。

6.1.4　认知心理学有关的设计准则

认知心理学在设计经验的积累中是必不可少的组成，它可以帮助你快速了解用户固有的能力范围和认知习惯。

- **格式塔心理学**

格式塔心理学的主要观点是**人认识事物是由大到小、由整体到局部的**。人们看到人的肖像就会识别出人脸，而不会只看到两只眼睛、一个鼻子和两个耳朵，尽管人脸是由这些器官组成的。

格式塔原理在设计上的应用主要是让设计变得有结构、有框架，让人一眼就能知道设计在表达什么，同时整齐美观。在设计里，应用格式塔原理能让界面变得更容易阅读和理解，帮助用户聚焦主要任务。

以消防安全教育为例，想让幼儿理解着火之后正确的处理步骤，除了实际的消防演习展示，比较有效的手段就是采用贴画的形式制作数字序号+图形+箭头的消防小报，通过动手与讲故事相结合的形式大幅度降低学习门槛（见图6-1）。

图 6-1　消防小报

格式塔原理包括接近性原理、相似性原理、连续性原理、封闭性原理、对称性原理、主题/背景原理和共同命运原理。了解这些内容对平面设计和用户界面设计大有裨益。至少，在绘制设计稿时能保证设计整齐、结构清晰，这是设计中最基本的要素之一。

- **短时记忆和长时记忆**

认知心理学把记忆分为三种：感觉记忆、短时记忆和长时记忆。

（1）感觉记忆

感觉记忆可以看作后两种记忆的最初的储藏室。视觉滞留是一个很好说明它的例子，电影每秒播放 24 张静帧图像，如果没有感觉记忆，那么你看到的不是连贯的动作，而是一张张很快翻过的定格图片。

（2）短时记忆

短时记忆应该是我们经常体验到的记忆形式。例如，你一定还记得几秒钟前看过的"认知心理学把记忆分为三种"。可以简单地认为短时记忆是注意的焦点，是任何时刻我们意识中专注的任何事物。短时记忆的特点是低容量和高度不稳定性。无论如何，短时记忆的容量都非常有限，屈指可数。当人们把注意的焦点从一种事物移动到另一种事物上时，短时记忆储存的模块很容易就丢失了。

由短时记忆的特点得到的设计启示：不要求用户记住他当前在哪里和以前做了什么，让他专注于目标和现在完成的进度，采用"Call to Action[①]"的设计原则引导用户去做他下一步该做的事情。以软件的新手引导为例，如图 6-2 所示。在新手引导的过程中，通过箭头引导的方式直截了当地告知新手用户应该如何切换图片。

（3）长时记忆

长时记忆就是我们平时所说的"记忆"，它可以长时间甚至永远保存记忆内容。和短时记忆不同，至今无法通过实验的方式确定长时记忆的容量和长时记忆的信息能保持多久。不过可以明确的是，通过重复加工短时记忆中的信息，可以让它们变为长时记忆。

长时记忆的特点：容易产生错误，受情绪影响，在回忆时可以被更改。

---

① 透过设计让用户自己想到要做某种行为。

图 6-2 App 新手引导示意图

　　由长时记忆的特点得到的设计启示：保持界面的一致性有助于用户学习和长期保留。要求用户记忆太多的特点会导致界面难以学习，也使得用户在记忆和获取时丢失核心特征，增加用户遗忘、记错或者犯其他记忆错误的可能性。

　　典型的例子当属键盘。虽然我们日常用的 QWERTY 键盘对于现代的操作有诸多不适合的地方，但它始终没有被更为科学合理的 DSK 键盘、MALT 键盘[①]所取代，正

[①] 奥古斯特·德沃拉克发明了 DSK 键盘布局。DSK 布局原则有三项：尽量左右手交替击打，避免单手连击；越排击键平均移动距离最小；排在导键（即双手食指放置的键）位置应是最常用的字母；理连·莫尔特(Lillian Malt)发明了 MALT 键盘，使拇指得到更多使用，而不仅仅用来敲击"空格（Space）键"。这种键盘使"后退（Backspace）键"及其他原本远离键盘中心的键更容易触到。

是因为人们已经习惯了它。在设计得较差的界面被用户习惯之后，即使以后再想优化该界面，用户都会被之前较差的界面养成的习惯带着走，优化、改版变得难以进行。

- **视觉采集信息的能力是有限的**

人类看东西，不管是看书、打游戏还是逛街，都有这样的规律：中央视觉优秀，但边界视觉很差。人类视觉注意力聚焦的地方（中央视觉）看得非常清晰，但除此之外的地方（边界视觉）看得非常模糊。因此，人类视觉的注意力变得非常的有限和珍贵。

对于设计师来说，如果想让特定的信息被关注到，设计需要遵循以下原则：

1）放在用户能看到的地方。

用户能看到的地方不仅仅限于我们日常中所认为的"屏幕的第一屏""页面左上角""屏幕中心"等，还可以广义地认为是用户当前专注的那个场景里。例如，用户拿起身边的手机想要看时间，这时用户专注的场景就是手机的待机或锁屏画面，如果有需要告诉他的重要信息就会在当时推送在屏幕上。以 iPhone 的锁屏界面为例，如图 6-3 所示。

图 6-3　iPhone 的锁屏界面示意图

2）合理地利用运动、闪烁。

用五个字概括这一原则：静中一点动。这一原则在游戏的设计中已经运用得炉火纯青。

3）限制用户的行动以获得注意。

用户在预备操作时，突然发现只有指定的高亮区域可以操作。被迫一步步根据提示操作，只有这样才能"获得自由的操作"。和前面的方式相比，这种方式比较强硬，一般适合在需要用户操作确认或新手引导时使用。

以 iPhone 安装 App 后，确认 App 能否获得通知权限的提示为例，如图 6-4 所示。由于事关是否会打扰用户，因此采用强制弹窗的手段，快速确认用户的态度，虽然看上去强硬，但切实地保证了 iOS 系统整体权限控制透明的体验，从而获得用户的好感。

图 6-4　iPhone 提醒用户确认所安装的 App 的通知权限

限制用户的行为以得到注意是一种高风险高收益的方法，无论以上提到的具体哪一种，都要注意两点：第一，吸引用户注意力的时间不能过长，如果时间太长，用户会焦躁甚至直接放弃继续使用产品；第二，把用户的注意力吸引过来之后，需要让用户关注的内容尽量简明易懂，过于复杂的内容得不到用户的有效关注，用户往往略过。

● **思考与行动习惯**

人们做事往往遵循"确定目标—执行—评估结果"这样的循环过程（Stuart K. Card、Thomas P. Moran、Allen Newell，1983）。事实上，我们在许多不同层面上同时进行这样的周期循环。而在具体的行动过程中，因为用户的注意力、记忆力有限及思考在大脑活动中的特点，所以要遵循以下规律：

1）让用户专注于目标而非工具本身。

由于短期记忆的低容量和高度不稳定性等特点，因此需要在用户完成任务的过程中让用户将注意力集中在迅速达成的目标上。

2）用户很容易忘记，因此需要工具帮忙记录。

对于人来说，相较于回忆，再认会更准确快速。根据重要的线索想起事情的全貌，这也就是为什么人们会发明大量的记忆工具（如记事本、备忘录）来帮助我们记录线索。

✍ 案例：

　　打开百度，当你键入几个字时，百度会根据这些字给出一些相关链接，根据输入词提供更多的拓展词条，用户甚至可以不用记住完整的关键词，就能很方便地找到他所要的。这样减少了用户记忆的负担。百度搜索"生如"时的关联拓展词条，如图 6-5 所示。

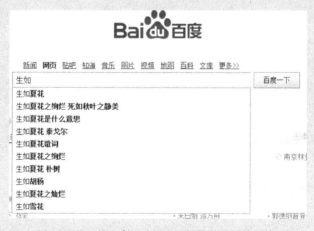

图 6-5　百度搜索"生如"时的关联拓展词条

3）用户以他们习惯的思路做事情。

人类有三个大脑，旧脑控制的是生物性的本能功能（分辨食物、危险，掌控繁殖），中脑掌控着情绪（喜、怒、哀、乐、竞争意识），新脑控制着有目的、有意识的活动（包括制作计划），只有小部分高度进化的哺乳动物如大象、海豚、猿人和人类才拥有相当大的新脑。

而以原有的思路无意识地做事情，只要消耗很少甚至不消耗主动意识的认知资源，对于用户来说会产生相对轻松的感觉。

✎ **案例：**

在医院更换系统的过程中，比较大的阻力往往来自临床医护人员不适应新系统的界面操作。由于工作性质的原因，临床医护人员往往更专注于诊疗工作本身，习惯一套界面操作过程后不愿意再学习适应其他操作，哪怕新界面的操作体验比原有软件的体验更好一些。如果不考虑用户，特别是 B 端用户固有习惯，可能造成巨大的商业失败。

- **如何学习**

学习对于用户来说需要调用前文提到的新脑的资源。当我们参与到某个事情中去时，三个大脑都会加入工作行列，参与我们的思维和行动。但旧脑、中脑的效率都远远快于新脑，这也就是为什么人类本能对学习是带有排斥心理的。

1）从经验中或者熟悉的内容中学习比较容易。

虽然对于人类行为的学习研究没有到了如指掌的地步，但还是可以从中假设人类大脑进化出了快速且容易从经验中学习的能力。比较明显的例子就是我们经常会过度概括，对事物存在偏见。例如，江浙沪一带的人们口味偏甜。

✎ **案例：**

现在，一些社交应用的界面设计有与微信或抖音趋同的情况，虽然有设计借鉴的成分，但很大程度上利用了用户使用热门社交软件的操作经验，将这种经验移植到新社交应用的使用上，有效降低了学习门槛。

2）把计算交给计算机。

✎ **案例：**

移动网站的一项服务，它会给用户一张饼图，表示各项业务花费的比例。系统自动计算并建议用户是应该坚持现有的套餐，还是改选其他更合适的套餐。

（3）要我解决问题，先让我感兴趣或者给我一个理由。

有时候，人们会因为对问题、事情抱有强烈的兴趣或者责任感，而去挑战超出他们能力范围的事情，最后拿到好的结果。只是因为一时的冲动或者某个理由，就能让人发挥出平常的能力。

✍ **案例：**

比如支付宝蚂蚁森林的用户唤醒机制，如果用户曾经玩过蚂蚁森林游戏，后来放弃了，支付宝就会在消息中偶尔提醒用户"小鸡在饥肠辘辘地等着你投喂"；在用户产生支付行为后，有意识地提醒用户去收集森林能量。

6.2 交互设计的发展和价值

前一节提到了很多设计原则，它们都与交互设计有关系，那么什么是交互设计？它的发展历史又是什么样的？交互设计的价值又是什么？

6.2.1　什么是交互设计

交互设计作为一门关注交互体验的新学科在 20 世纪 80 年代产生，它由 IDEO 的一位创始人比尔·莫格里奇在 1984 年的一次设计会议上提出，他一开始将它命名为"软面"，后来把它更名为"Interaction Design"——交互设计。

从用户角度来说，交互设计是一种如何让产品易用、有效而让人愉悦的技术，它致力于了解目标用户和他们的期望，了解用户在同产品交互时彼此的行为，了解"人"本身的心理和行为特点。同时，还包括了解各种有效的交互方式，并对它们进行增强和扩充。交互设计涉及多个学科，还涉及和多领域、多背景人员的沟通。

简而言之，在了解用户的前提下给一个适合的解决方案，用合适的方式让大家帮忙完善并实现它。

6.2.2　交互设计的发展历史

如果把交互设计的历史理解为帮助人解决实际问题的工具设计历史，则可以追溯到工业革命之前的时代。那个时代虽然还没有界面、计算机，甚至二极管也没有出现，但人们已经开始为自己制造顺手的工具了。

• **顺手的工具**

在计算机还未出现的年代里，虽然没有"界面""交互"等说法，但人们对工具的"要求"始终存在，**总体来说就是适合的工具交给适当的人使用**。例如木工刨，如图 6-6 所示。工具的外形由工具制造者决定，并不能第一时间让人理解如何使用，需要制造者教授其他人使用。那个时代好设计的标准可以总结为耐用、操作便利。

图 6-6　木工刨

1946 年第一台计算机 ENIAC 出现，在迈入计算机时代后，短短几十年内就出现了各种不同交互形式的计算机，但究其本质而言始终未摆脱"**适合的工具交给适当的人使用**"这一原则。随着技术进步与商业化发展，计算机被商用后，最后定型为以屏幕作为输出设备、键盘作为输入设备形态的计算机，如图 6-7 所示。

此后，输入、输出的媒介都不再有太大的变化，即使发展到现在的笔记本电脑，也依然保持着类似的核心硬件交互方式。因此，交互的丰富性逐步从硬件转向软件——计算机系统。

计算机系统的交互界面最先出现的是命令行界面——对用户非常不友好的界面。所以，人们开始设计所见即所得的图形化界面，这标志着工具和人的交互行为的下一个时代来临。

图 6-7 Commodore SuperPET 带显示终端的计算机

- **运行软件**

"运行软件"这个时代的标志是人们开始使用文字处理软件、填写表单、安装游戏软件。鼠标的出现促使了图形化界面的快速发展，它把人们的注意力从机器本身聚焦到机器的输出设备——屏幕上，运行各种有用的软件给了人们购买计算机的理由，例如，使用电子表格软件计算财务账目。

进入"运行软件"时代不久后，人机交互的形式又再次得到了升华，因为软件制作者开始思考制作软件的本质是什么。

- **专注于任务**

1977—1985 年，个人计算机迅速发展，苹果公司、IBM 和微软公司都是那个时代的佼佼者。商业软件的蓬勃发展，为企业用户与个人用户提高了工作效率，企业用户愿意为它们买单。

以电子表格软件纷争史为例：VisiCalc 是世界上第一款电子表格软件，它出现后几乎垄断了整个市场，但在短短两年内，LOTUS 1-2-3 就彻底击垮了它，成为新的寡头。虽然企业可以使用 VisiCalc 填写、计算现有数据，但 LOTUS 1-2-3 更贴合用户的任务场景。LOTUS 1-2-3 把商业数据以更稳定的数据库形式进行管理，同时制成的电子表格能用直观的图表显示，用户更愿意为此买单。

这只是人机交互形式从单纯的"运行软件"向"专注于任务"转变的一个侧影，20 世纪 90 年代中期诞生了诸多划时代的软件，例如 AutoCAD、Word、Windows 系统、Photoshop[①]，使我们的生活越来越离不开计算机中各种基于我们现实任务的软件。

LOTUS 1-2-3 的设计者 M.Kapor 曾说："罗马建筑师 Vitrivius 倡导建筑应该坚固、有价值、令人愉悦，好的软件也是如此。坚固：软件不应有任何错误而影响功能。有价值：软件必须为了达成某个目标而生。令人愉悦：使用软件应该是一种愉快的体验。这即是设计软件的基本。"

贯穿其中的人机交互理念是：**设计一个可用、好用、令人愉悦的软件不再是一个软件开发问题，而是一个软件设计问题**。借着这一理念，软件的可用性研究开始迅速发展，注重提升软件与产品的使用效率，降低软件出错率，设计出更适合用户使用的软件的研究。这一研究在之后二十多年的演变中日渐成熟。其中著名的代表人物是 Jacob Nielsen，他和 Molich 在 1990 年提出了启发式评估（Heuristic Evaluation）[②]的方式（4~6 位专家评估界面后汇总意见），并著有《可用性工程》一书。

和可用性研究一起成长起来的是人机交互（Human Computer Interaction，HCI），HCI 的研究目标是改进用户和计算机之间的交互行为，使计算机更便于使用和切合用户的需求。HCI 领域的代表人物众多，如提出"User-Centered　System Design 理念[③]"的大名鼎鼎的 Donald A. Norman，发布 Fitts 定律的 Paul M. Fitts。

- **用户体验**

现在人机交互的理念进入了体验时代。软件、应用、设计只不过是一种载体，用户接触到的不再是界面，而是一种互动，而这其中比较复杂的就是设计分析方法了。从 20 世纪 80 年代末至今，设计是一种体验的理念逐步被设计师、软件公司、互联网公司慢慢认可。这期间一些人提出了如下设计分析方法：

---

① 摘自 *The 25 Killer Apps of All Time*，来源：eweek.com，By Peter Coffee -January 22, 2007.

② 启发式评估作为可用性评估方式的一种，在可用性测试等其他测试方式的研究条件不具备的情况下经常被使用，同时也可作为设计师自检和互检的一个有效方式。最初由 Jakob Nielsen 提出的 10 条原则已经被扩展成了更多。

③ Donald A. Norman 在 *Cognitive Engineering* 一书中写道："然而以用户为中心的设计强调系统的目的是为用户服务，而不是使用某种特定的技术，也不是一段漂亮的代码。用户的需求应该主宰整个界面设计，而界面的需求则应该主宰系统其余部分的设计。"

（1）Alan Cooper

Alan Cooper 被称为"交互设计之父"。在 1990 年，他放弃了编程工作，致力于创建专为用户设计的应用软件。有《About Face：交互设计精髓》《交互设计之路：让高科技产品回归人性》等交互设计著作。

他提出了"以目标为导向的设计（Goal-Directed Design）"的设计思路。目标为导向的设计，通过一些问题确定用户及他们面对的主要任务，然后把用户分为新手用户、中间用户和专家用户三类，考量合适的新手引导方式及为专家用户准备的高效操作方式，同时还需要考虑现有技术、资源的可行性。

（2）John M. Carroll

John M. Carroll 是 HCI 领域的领军人物，作为宾夕法尼亚州立大学信息科学与技术学院教授的他提出了以场景为基础的设计理念（Scenario-Based Design）。这是一种描述人们如何使用系统完成工作任务和其他行为的方法，核心是一个故事，这个故事的要素包括环境、角色、互动对象和结果。比如，一位会计师想在编辑电子表格的同时读备忘录，但是，文件夹被一个预算电子表格窗口遮盖着，此时会计师可以调整表格窗口移动出屏幕，并打开备忘录，调整备忘录窗口的大小后继续工作。

（3）Donald A. Norman

相信大家对 Donald A. Norman 肯定不陌生，《设计心理学》和《情感化设计》是他的设计心理学著作，无论何时这两本著作都是设计师入门的经典教材。他来自 HCI 领域，身为心理学教授的他，贡献的设计分析思路也是基于心理学的理论：本能、行为、反思三种水平的设计[①]。

"本能、行为、反思三种水平"是 Norman 提出的人在面对事物时，情感、情绪、认知会互相影响和补充的一种复杂的反馈（大脑加工信息形式）。比如，我们坐过山车会本能地对高速、坠落感到害怕，这就是本能水平的信息加工；做菜有条不紊地用刀切食物，这就是熟练完成任务带来的感受，属于行为水平的信息加工；阅读庄重的文学作品，需要思索作者要传达的中心思想，这就是反思水平的信息加工。

以上是体验时代的各位大师为我们总结的设计分析方法，他们推动了交互设计理念的发展，使得交互设计从单一地分析任务达到了而今盛行的"用户体验"的设计理

---

① 具体内容参见 Norman 的著作《情感化设计》第 1 章第 1 节 "加工的三种水平：本能的、行为的和反思的"，以及第 3 章 "设计的三种水平：本能的、行为的和反思的"。

念，也使得互联网时代、手持设备时代的设计呈现更为丰富的姿态。

- **从产品设计到智慧解决方案**

从 2011 年至今，从智能手机的爆发到 SaaS 模式兴起带来的整个中国社会信息化程度的提高，相当一部分产品不仅从功能、交互层面变得相似，就连商业模式、赢利模式也变得相似；与此同时，产品对应的用户和相关利益方也变得更加错综复杂，且与线下业务更无缝地贴合；产品设计不再仅仅关注界面层面和体验层面，各家都在比拼细分场景的服务解决方案；同时也不仅仅只是手机应用串联线上线下，而是借助 AI 技术、IoT 技术形成智慧解决方案。

1）智能手机的爆发。

2011 年是智能手机强势抢占手机市场的一年，2011 年，Q1 行业出货量占比为 54%，然后在一年后的 2012 年 Q1 行业出货量占比飙升至 82%。这得益于国产智能手机厂商的大力推广和硬件价格的逐步降低，智能手机在中国得到了普及，在这期间移动端的 App 开始了井喷式的爆发。

2）支付带动并产生整合的服务方案。

相较于其他行业的互联网企业，支付行业的赢利方式很容易迁移到移动端。在线下业务中，比较活跃的方式当属扫码支付。在 2013 年至 2015 年期间，借由支付宝和微信在线下大力推广。移动支付作为一项所有业务中必不可少的重要环节，带动了中国近几年来大部分行业的发展。

竞争的白热化使得企业内部的管理、协调状况的改善成为产品的生产效率和质量的关键。中小型企业在竞争中并不具备自行研发管理工具的能力，因此从 2015 年起，一直蛰伏的 SaaS 行业开始崛起。如针对各行教育者的网校培训管理系统、针对商家宣传痛点的简易营销工具、针对企业内部管理的沟通管理工具等。这些面向 B 端用户的供应商把服务解决方案包装成可复制标准化的在线应用，供中小型企业采购或免费使用，逐步提升整个社会的信息化。

3）技术催生智慧解决方案。

在 2016 年之后，IoT、边缘计算、NFC、微型体征采集、图像识别、人脸识别、声音识别、指纹识别、AR/VR、深度学习、无人驾驶、远程连线等核心技术的商业化，同时扫描二维码得益于移动支付对民众的教育，层出不穷的智能物件与全新的交互方式开始与人类的生活直接接触，例如智能音箱、智慧门禁、智能家电、无感支付、扫描识物、远程教育、头戴式设备，移动终端成为管理、联通两者的手段，大数据、云技术为万物的互联提供了坚实的基础。

　　新技术的商业化越来越贴合人原始的心智模型与欲望,喊一声电视就能打开电视,下班后远程打开电饭煲,到家饭就煮好了,看到一朵花马上可以知道它是什么花……最终形成消费者愿意买单的智慧解决方案,为生活带来更美好的体验。

　　如果把交互设计过程看作量体裁衣的过程,设计分析方法即是"量体",而以上这些学科对交互设计的影响则是画在布料上的白线,等待着设计师依照这个范围来"裁衣"。最终会依照目标用户的行为、习惯勾勒出一个适合用户使用的产品。

6.3 交互设计工作中的认知心理学

本节主要介绍认知心理学和用户研究在交互工作中的作用。交互设计的工作可以归纳为"分析—绘图—讨论—监督"四部曲，站在用户的角度分析用户要在产品上完成的任务，然后绘制可视化的产品原型，并和产品项目组成员讨论，最后监督其他成员是否能把自己的规划很好地实现。

和其他设计师不同，交互设计师没有实体化的完美的产出物，漂亮的交互稿也许在一定程度上会为工作加分，但更多的是设计师对用户的分析及对设计准则应用的熟知程度。认知心理学对于交互设计的价值在于分析阶段，通过工具和方法论更全面准确地把握对用户的认知。

- **用户研究**

对用户的分析一方面来自你和产品经理、运营、市场分析师的讨论，一方面来自合理的设计方法。但这两者在一定程度上都不够深入（虽然它们在把控产品的大局和用户要执行的任务上做得不错）。**想要更深入了解用户使用产品的目的和完成任务时的细枝末节、当前产品使用上的问题，需要借助用户研究分析数据的力量。**

以下列举交互设计师需要从用户研究方面得到的答案和用户研究可能采用的方法：

用户使用产品的目的——问卷、访谈、焦点小组、人物角色。

完成任务的细节——实地观察、访谈。

当前产品使用上的问题——可用性测试、点击行为轨迹分析。可以说，用户研究对设计起的作用具有指导性意义。

- **认知心理学**

认知心理学对交互设计工作的贡献主要是在绘图时的设计准则。之前提到的可用性和 HCI 领域也有相应的设计准则供交互设计工作参考，但其中相当数量的准则其实源于认知心理学的理论。例如可用性原则中的"易取原则"①源于认知心理学中提及的"再认比回忆简单"的认知特点。

因此，学习认知心理学可以更全面、深刻地理解设计准则背后的人类认知特点，并灵活应用到交互设计中，对交互设计工作起到参考意义。对于交互设计而言，用户研究是参谋，而认知心理学则是兵法。

- **交互设计的分析用户任务**

三种设计分析方法：以目标为导向的设计，以场景为基础的设计，本能、行为、反思三种水平的设计。无论使用其中哪一种方法，都是为了让设计更加有依据，都是站在用户的角度思考。其中需要核心思考的三点是：用户是谁、在产品上做什么、在产品上做这件事情为了到达什么目的。"用户是谁"这个问题往往需要和产品经理、运营和市场分析师一起讨论解决，他们三方是把握产品走向的核心角色。

在分析用户任务过程中，用户研究也往往一起参与进来，或比较分析之前的产品数据告诉设计师用户的行为轨迹，或通过观察、访谈、问卷调研深入分析，目的在于回答"在产品上做什么""在产品上做这件事情为了达到什么目的"这两个问题。

除了这三个核心点，用户还有自身的特殊性，具体分为三个层面：用户使用原有产品、制度的习惯；用户接触过的和经常使用的界面；用户的生理、认知、固有概念。原来用户在为了达到目的时，未必会使用我们的产品，他们有可能使用其他产品或线下的制度来保证目的的达成。对于大多数用户来说，改变固有的习惯是非常困难的，如果不能给他的使用带来飞跃的提升，依然需要尊重他的操作流程和交互习惯。

整个分析过程就如同文与可画竹一样，只有自己先对竹子有清楚的认识，才能做到胸有成竹。在这个过程中，交互设计师可借助用户研究及认知心理学的帮助，对用户有清晰的认识，从而做好设计。

---

① 易取原则：尽可能减少用户回忆负担，把需要记忆的内容摆上台面。

第7章 态度

在我们日常生活中每时每刻都会产生态度。当你走在路上时，看见广告牌上对新产品的介绍，你可能会无意识地对其做一个评价，或者和其他产品做一次对比，这就是一个态度。当你按时收到快递，快递小哥态度礼貌，包裹完整无破损，你的内心有一些感激，这也是一个态度。当你在淘宝上购物时，可以看到以往的买家的评价，如"整体感觉不错""很厚实""款式漂亮"等，这些都是消费者的态度。所以，消费者（此处包括产品的使用者和消费者）的态度会影响他们对事件、产品的取舍，设计师也能通过设计获取或者建立消费者的良好评价，创造商机。

7.1 心理学中的态度

7.1.1 态度的定义

什么是态度？G.W.Allport 曾经给出这样一个定义：态度是一种由过去经验形成的心理和神经系统的准备状态，它引导或动态地影响着个体对与这些经验有关的事件、情境的反应。

对我们来说，态度是对人（包括我们自己）、客体、广告或出版物的一种持久的概括性评价。任何态度指向的事物都叫作态度的目标客体。态度具有以下特点：

1）态度是持久的，它趋向于持续一段时间。例如，你使用了自己的手机不久后，对其产品和品牌的态度将会稳定持续一段时间。

2）态度是一般性的。例如，你对在公共场所抽烟的人的态度，和你对抽烟行为的整体的负面态度相关。

3）态度的目标客体广泛，可以从具体的产品到使用它们等有关的行为。比如，买品牌 A 还是品牌 B 的汽车；你在上下班高峰时会不会开车，周末会不会开车等。

心理学家在广泛研究了态度之后，逐渐趋向于以一种直接的方式对态度进行定义，并逐渐达成共识，这个定义简洁而有效：态度是以情感、行为和认知信息（态度 ABC）为基础，根据某个评价维度对刺激所做的分类。

情感成分（Affective Component）：包含个体对态度对象的所有情绪与情感，尤其正面和负面的评价。

行为成分（Behavioral Component）：主要指个体对于态度对象的行为倾向。

认知成分（Cognitive Component）：指的是个体对态度对象的想法，包括了解事实、掌握的知识及持有的信念等。

态度的三个成分之间并不总存在高相关，因此有必要予以同时考虑。

✍ 案例：

　　智能手机进入人们的日常生活已有些年了，现在很多年轻人并没有用过以前的翻盖手机和有物理键盘的手机。今天大家会在中国品牌和外国品牌中比较和选择手机，并且很清楚地知道各自的优势。在过去，我们长时间地认为外国品牌的手机无论是设计上还是质量上都优于中国品牌的手机。这些年中国品牌的手机崛起，在智能手机的设计和研发道路上取得了一定的成就。而过去发展有起伏的品牌，有的如今还一直存在，有的渐渐淡出了人们的视线。

从情感、行为和认知信息三个方面理解对手机的态度。对产品过去的体验构成情感成分，在购买决策时具体做出的行为是行为成分，对产品品牌认识的稳定或变化及使用过程中的体验构成认知成分。例如长期使用品牌 X 的消费者，在选择新的手机时，长期使用所积累起来的品牌感和使用习惯会产生希望继续购买品牌 X 的新系列，这里包含了情感成分和行为成分。如果品牌 X 在新设计和研发的系列中不能满足消费者的期望，消费者可能会开始寻求其他品牌。这个时候消费者如果比较了品牌 Y、品牌 Z 等手机之后，性能和设计更新了消费者的认知信息，再加上朋友推荐等因素，会影响最后购买决定的行为。

此外，我们还需要注意的有认知复杂度。事实上，对待很多事情人们不是只有一种想法，而是有多种复杂的想法和信念。它们可能并不完全符合事实真相，而且也可能相互矛盾。这些信念中有些坚定，有些可以被别人说服。尽管消费者在购买时包含了多项综合的因素，一旦购买决定形成，认知转为行为后，态度就会稳定和简化。这是态度表现出来的评价简化性，并且这种评价一旦形成便很快稳定下来。

认知的复杂性与评价的简化性说明，通过改变消费者的认知成分，可以相对改变消费者的评价。

另外，值得关注的是消费者的态度与决策和行为之间的关系。态度使人们快速提取相关信息及与这些信息相连的态度成为可能，因为它们为记忆中的信息提供了重要的联结（Judd, Drake, Downin & Krosnick, 1991）。态度使人们能够快速决策，因为它们为抉择提供了信息（Sanbonmatsu & Fazio, 1990）。然而，态度和行为的关联就比较微弱一些，有时候行为会受到态度控制，有时候则不会。态度与行为的关系是双向的，态度会控制行为，行为有时候会控制态度。

7.1.2 态度的理论

有关态度的理论，将帮助我们进一步理解什么是态度、态度的作用和它对行为的影响，下面我们罗列了一些比较重要的态度理论。

学习理论：认为态度和其他通过学习习得的事情一样，是一种习惯。适用于其他学习形式的规律，也适用态度的形成。

认知一致性理论：我们一直在追求各个态度之间、态度与行为之间的一致性。因此，这一理论强调个体接受的是符合自己整体认知结构的态度。

• 学习理论

学习理论始于 20 世纪 50 年代 Carl Hovland 及同事在耶鲁大学的研究工作（Hovland, Janis & Kelley, 1953）。这一理论的前提假设是态度的获得与其他习惯的形成没有差别。人们不仅了解与各种态度对象有关的信息和事实，而且也学会了与这些事实相连的感受与价值观。

比如，一个孩子通过学习认识了一种动物——狗，我们向孩子描述的狗都很友好、温和、忠诚。最后，孩子就学会了喜欢狗。孩子学习的过程和机制与其他类型的学习过程和机制是相同的，并且我们通过"联结"获得信息和情感体验。对狗充满赞许和喜爱，使信息和这种情感感受之间形成一个联结。

学习理论包含了行为的强化、惩罚和模仿。此理论强调两种主要方法：信息学习和情感迁移。

信息学习（Message Learning）：信息学习对态度的改变非常重要，如果一个人获得某种信息，改变便随之而来。但是研究发现信息内容的记忆与它的说服力之间并没有高相关。

情感迁移（Transfer of Affect）：当人们把对某个态度对象的情感迁移到另一个与之相连的对象上时，会有说服的效果产生。

例如，"美即是好"：认为美的人和事物就等于是好的。我们总能看到一些商家用形象较好的人代言产品来试图劝服我们购买或做某些事情。

"明星效应"：与普通的相貌相比，我们的大脑会更注意那些明星和名人的相貌，并且更加高效地加工有关这些形象的信息。通过明星的社会阶层、性格类型、品位品质等信息与产品的意义结合传递给消费者。

- **认知一致性理论**

认知一致性理论的传统观点认为人们总是在努力寻求认知上的连贯和意义。当人们发现自己的一些信念与价值观不一致时，就会努力让它们一致起来。同样地，如果他们的认知已经是一致的了，在面对可能造成不一致的新认知时，他们努力使这种不一致最小化。

（1）平衡理论

海德在 1958 年提出了平衡理论。这个理论考虑的是在个人所持有的简单认知系统中情感之间的一致性。它通常用一个人、另一个人和一个态度对象来说明自己的观点。其中有三个相关评价：一是第一个人对另一个人的评价；二是第一个人对态度对象的评价；三是另一个人对态度对象的评价。

例如，学生崇拜自己的老师的情况并不少见。学生喜欢篮球，而他的老师更喜欢足球，因此根据平衡理论，学生对老师的评价是积极的，而学生本身对篮球这一对象的评价也是积极的，由于老师对于足球的评价高于对篮球的评价，因此学生对篮球的喜爱会倾向于找到和老师的评价融合的地方，即学生会转而喜欢足球或者学生会在喜欢篮球的同时也喜欢足球。

促使人们去求得平衡的主要动机是：他们渴望社会关系和谐、简单、连贯而富有意义的知觉。在一个平衡的系统中，你与自己喜欢的人保持一致的观点，或与自己不喜欢的人保持不同的观点。例如，当一个明星公开表示喜欢某品牌时，他的粉丝会趋于与他一致，从而扩大了该品牌的消费者。

对于消费者来说，喜欢的人也可能是同伴、朋友圈。从微博的明星推荐产品或晒单带起了流量，到基于强弱社交的微信群转发淘宝、京东、拼多多的产品链接，也都混合了使用需求和社会关系中的平衡动力，从而促进了销售商业模式。

（2）认知失调理论

费斯廷格于 1957 年提出了认知失调理论。这一理论的前提假设是有一种趋于实现认知一致性的压力。失调是指当个体行为和态度不一致时出现的一种令人不愉快的动机状态。当人们面对态度或行为之间的不协调，他会采取行动消除这种"失调"。

这一理论关注两种认知元素彼此不协调的情况。认知元素可以是个人的想法信念，也可以是个人的行为，或者是个人对周围环境的观察。

例如，一个人非常喜欢某品牌的衣服，并且经常闲逛选购衣服，在某一个季度推出新品后，她仍然准备选购。但她发现本季的衣服设计并不非常符合她的喜好，为了平衡她的不喜欢或犹豫，她也许会给出"我并不了解现在的流行"等想法来消除她的"失调"，即对其品牌的喜爱和这次评价的不一致。

另外，心理学上的研究表明，当某样事物成为自己的东西之后，或者某样事物是通过较多努力花较多时间获得之后，人们就倾向于为喜欢它寻找理由。商家在利用这种心理时配合了会员积分等级，更是让你不舍得放弃之前购买积累的积分。

（3）其他一致性：文化差异

求得一致是西方人态度的特征。而东方人态度的特征，比如日本人不太重视个人的态度，比较重视人与人之间的相互依赖性及对社会情境的敏感性。美国人会认为日本人的行为没有原则，不断变化；而日本人看来，美国人固执坚持某种立场，不在乎场合。

7.1.3 态度的改变

• 说服

态度形成后，并不是一成不变的，它们是可以被改变的。在心理学里，与态度改变相关的概念是说服。说服是一种积极地试图改变态度的行为。说服的过程包括以下这些元素。

（1）沟通者

人们在交流过程中，首先注意到的是向自己传递信息的人，即沟通者或者信息来源。有些沟通者具有权威性，比如老师或者科学家；有些沟通者很风趣，比如主持人或演员做某品牌的形象代言人，劝说我们购买产品。研究发现，人们对与他们沟通的人越有好感，就越倾向于接受其观点，从而改变自己的态度。这一直接的依据是学习理论中情感迁移的规律（比如在学校里上喜欢的老师的课更容易学得好）。对沟通者的正面或负面的评价，都会迁移到他们所持有的立场上。而沟通者身上的一些特征影响着喜欢与否的评价。

（2）可信度

可信度高的沟通者比可信度低的沟通者更具有说服力。可信度有两种独立成分：专业性和可靠性。

专业性。例如，告知身份之后，对被试者的态度产生了影响。同样对孩子教育的看法，来自老师和其他父母的评价，前者更容易产生专业性的感受。

可靠性。沟通者的公正可靠及他们是否值得信赖也很重要。可靠不仅仅是本人给他人的印象。研究发现，当沟通者没有从自己的立场获利时，我们就会觉得他们可靠，而当他们被察觉到从说服别人接受自己的立场获利时，我们就会觉得他们不那么可靠。另外，信息来源的多重性可以增加可靠性，几个人表达相同的观点要比一个人表达同样的观点更有说服力。并且当不同来源的信息相互独立时，多重信息来源才更有说服力。

（3）喜欢程度

因为我们会努力使自己的认知和情感一致，所以我们会改变态度，同意我们喜爱的人的意见。也就是说，你喜欢的人的态度倾向影响着你的态度。

（4）参照群体

当我们喜欢或者认同的群体采取某个立场时，我们也会被说服采取这个立场。这样的群体被称为参照群体。有两个原因使参照群体能够对态度改变产生影响：一是喜欢，如果人们喜欢某个群体，就希望自己与该群体的成员类似；二是相似，当其他成员表达了某个观点的时候，因为认同自己是群体中的成员，具有某些一致属性，因此会做出相似的态度来表现一致，并构成一个统一对外的态度倾向。

- **沟通过程**

（1）差距

影响我们被说的程度的一个重要因素是沟通传递的信息与我们自己的立场有多大的差距。差距越大，个体改变态度的压力就越大。距离我们的想法太远的陈述会使我们怀疑信息来源的可信度，而不会让我们改变态度。当沟通者的可信度高时，更容易说服人们接受差距较大的观点。研究表明，在差距较小的时候，人们会倾向于缩小这种差距，使两者等同，认为自己的态度没有发生改变，这种情况叫同化。而当两者的差距太大的时候，人们又会倾向放大这种差距，这一过程称为对比。所以，产品的设计可以利用这个规律，一步步推出产品的新功能、新形式，使消费者逐步接受产品或品牌的转型。

（2）论据的强弱

一般人认为，强有力的论证更容易让人们改变态度，但事实并非如此。只有当人们有动机去密切注意并仔细思考这些论证的时候，强有力的论证才会在态度改变的过程中发挥作用。在很多情况下，人们不会对某个信息进行仔细的思考，在这些情况下，论据的数量比论证的强弱更重要（Wanke, Bless & Biller, 1996）。另外，强有力的论证其效果取决于人们是否思考了这个问题。

（3）重复

多次重复某个观点，是否能增加说服力呢？比如广告里的一个口号重复三遍的类型。Zajonc 用大量研究显示，重复导致的熟悉感会增加喜爱程度。广告就常常采用这个策略。

比如不少朋友在去过日本旅游之后，会提到日本的巧克力、化妆品、电器等。由于日本旅游的整体消费并非很高，所以身边一些好友在去过日本后对日本商品的评价对你来说就是重复地加深印象。如果大家都购买了某一个品牌的保温水壶或保温水杯，你对它的好感会提升，并且会产生想要拥有的意愿。另外，这种重复也和从众相关。

有时重复对改变人们的态度也有负面的作用，即应用过度后使人产生厌倦，导致负面反应。

7.2 设计影响态度

设计是一种问题解决的方法，也是一种品牌传递和沟通的方法。让消费者接受一个新的产品，让消费者感受到服务的价值，让消费者相信某种产品和服务具有连贯的品质且值得信赖，让消费者成为企业和品牌的粉丝。因此，品牌的设计是态度的集中表现和结果，与消费者的态度密切相关。

7.2.1 品牌

• **品牌概念**

品牌可以是一个名称、符号、图案、设计，或者是它们的组合。其目的是识别某个销售的产品或服务，并使之同竞争对手的产品和服务区分开来。现在的品牌不仅是名称、符号、图案这些视觉化的对象，还是一种生活态度和方式、一段故事、一种理念，一群人的画像。品牌可以通过广告、市场活动、产品使用、评论等进行传达和强化。品牌是企业、产品与消费者建立的一种关系。

• **品牌设计**

品牌设计包含了品牌的战略设计、品牌的视觉形象设计、品牌的传媒设计。

也许起初一个品牌就是产品的名字，但当一个公司发展到一定的阶段后，就会注重其品牌的设计。品牌的设计本身是一种对战略的设计，因为它需要公司对自己的产品与服务、消费者、竞争对手、所处的行业等有一个很清楚的认识，以及对未来的目标有一个很好的定义。同时，公司对外对内也不再仅仅是一个公司名称，还具有一定的社会形象、认识上的价值等。

从消费购买的角度来说，品牌会对消费者的态度产生巨大的影响。比如，人们在决策购买商品的时候，往往会通过看这个商品是哪一个牌子，来对照其质量是否可靠，是否符合自己一贯的生活方式，是否体现或吻合自己的形象等。不同的人在同一类商品上的选择会包含个人情感的成分，对品牌存在偏好或印象。

因为品牌是企业自己的一种价值和情感体现，因此人们对企业品牌的认可是需要企业从品牌战略的设计到视觉设计再到市场活动和传媒沟通的设计、执行建立起来的。

• 品牌视觉设计

品牌的视觉设计包含了品牌的图标、品牌的名称，产品的包装，网站的 UI，实体店的装修风格等。

由于人本身是一种感觉型的动物，所以品牌通过什么样的视觉设计，或者说品牌的价值和质感要视觉化，都是因为人通过五感去接收信息，而其中很重要的就是视觉。之所以公司的设计部门获得更多的话语权，并且拥有更大的影响力，也是因为设计对企业、对产品及对消费者带来的重要作用。因为对企业、产品的态度和品牌的关系，我们需要谨慎而又连贯地进行品牌的视觉设计。其中一个重要概念便是视觉识别。

视觉识别指的是企业的一套识别系统。它可以将企业相关的一切可视事物进行统一的视觉识别表现和标准化、专有化。然后将企业形象、产品形象传达给消费者和社会。视觉识别可分为两大主要方面：一是基础系统，包括企业名称、品牌标志、标准字体、印刷字体、标准图形、标准色彩等规范；二是应用系统，基础系统组合后在企业各个层面中应用。比如产品及其包装、工作服饰、办公用品与设备、建筑，以及室内外环境、交通工具、广告包装、公关用品、礼品等。

✎ **案例：**

视觉识别是具有专利权和商标权的。例如，曾经在电子产品界出现过品牌甲和品牌乙的产品过于相似的情况，当品牌甲推出新的产品后，品牌乙是第一个跟随并推出相似外形的产品。因此品牌甲对品牌乙在各个国家和地区进行了诉讼，最终在大部分国家和地区被认定存在一定的抄袭，并且涉及产品的推广和赔偿。这种视觉识别上的相似做法恰恰说明了品牌视觉设计对消费者产生的影响，哪怕产品来自不同的公司。

• 品牌传媒设计

再强大的品牌，也需要通过一定的媒介向消费者传递表达。过去常用的平面广告、广播电视，现在的网站、公众号、视频号、直播等，都是向消费者传达公司的品牌和形象，并通过社交网络的功能与消费者进行交流，反过来强化或改变公司的品牌印象。因为品牌和生活方式的定义、情感、态度相联系，所以传达给适合的消费者并且激起他们的认同，就是品牌的传媒沟通。

公司需要选择适合自己的传媒，因为每个公司提供的产品和服务、受众活跃的媒介不同；此外不同媒介的获客成本也不相同。例如，无论是将自己的产品放置在公司官网的商城，还是平台上的公司专有商城，对品牌和商品来说并没有太大的不同，但是不同的入口要考虑消费者接触到公司产品的旅程、消费者的人物像等。

- **品牌内涵的稳定性**

消费者对于一个产品往往会有自己的定义，这种定义有可能是好的，有可能是不好的，有可能和某些事物或习惯相联系。品牌的内容、形象、感受就是品牌内涵。公司可以通过产品的定位、宣传手段等向消费者传达并倡导自己的理念，从而影响消费者的消费观念和行为。

每个品牌都有其内涵，品牌的内涵虽然是企业想通过设计进行传递，但它并不完全是一个单向的过程。有的品牌内涵是由企业主动倡导且被公众接受的；而有的则是由公众去感受得到的，反过来则会影响企业的策略和销售。品牌内涵有着以下特征：

1）品牌内涵的形成最终是由公众决定的。

公司可以通过广告宣传推广自己的产品，表达自己想要传递的理念，但是真正赋予产品品牌内涵是由公众决定的。例如，我国市场上很多国产手机都提过要创新，要做中国第一，但最后却是消费者决定了是否能接受创新的理念及公众最终认定它们是否为山寨手机。

2）要在公众心中塑造或改变某种内涵非常困难。

在汽车品牌中，大家熟悉大众、别克、宝马、奥迪等厂商品牌，而每个厂商品牌在推出汽车系列的时候还包括了产品品牌，如果说只要是厂商品牌强，其旗下每个产品品牌就一定会被接受，我们并不认同。所以当一个个产品品牌具有自己的调性和内涵后，光靠厂商的品牌也很难改变消费者的选择，它们更像是互相独立的存在。品牌的塑造和改变也不仅仅是广告的宣传，它和品牌 Logo 的设计、产品本身的性能、每一代的传承、品牌赋予的内涵有关。

可以看到，品牌内涵代表着品牌的核心价值。品牌内涵是消费者和企业共同互动形成的对品牌的一个理念的概括。当消费者认同一个品牌和品牌产品在市场中的定位或地位时，它就能影响消费者的态度，从而促使消费者决策购买或引发相关行为。

7.2.2 品牌态度

前文提到了态度的转变，因此在品牌的设计管理上，我们可以回想一下态度的三个成分，即情感、行为、认知。设计师可以围绕这三个基本的成分来做品牌的设计管理。消费者对产品的品牌基于怎样的认识，是通过产品、口碑传播、广告宣传渐渐树立起来。这个过程相当于首先建立一定的认知过程，其次注入情感元素，很多广告都是打亲情牌来提升品牌内涵和理念的，然后消费者才渐渐形成购买该品牌、认可该品牌的行为。

因此，在品牌的设计当中，无论是考虑品牌的图标设计、品牌名称、品牌宣传语，还是产品的外包装设计、品牌故事、品牌内涵等，都要考虑传达给消费者的内容，即需要消费者认知你的内容是什么。一般来说，消费者看重使用的体验，因此当产品的体验符合他的预期甚至超过他的预期时，结合品牌的设计就会产生一种正向的情感，最终使消费者产生购买或认可的行为。

品牌形象调查可以有这些问法：

——请你分别用三个形容词描述以下品牌给你的印象。

可口可乐（　　　　　）（　　　　　）（　　　　　）

百事可乐（　　　　　）（　　　　　）（　　　　　）

——针对苹果手机，请你根据自己的印象做出以下的选择。

	非常不同意	不太同意	一般	较同意	非常同意
代表先进技术					
使用者收入较高					
设计有美感					

7.2.3 颜色与态度

我们每天在这个世界上接触、感知不同的颜色，无法想象缺少颜色的世界将会多么枯燥，颜色对于心理及态度的影响是不言而喻的。颜色在客观上对人有一种刺激和象征，不仅从生理上、视觉、知觉、情绪、记忆，而且从社会规范、约定俗成上，颜色对心理时刻产生着作用。因此在提到设计心理学的内容时，一定要讨论一下颜色对消费者态度的影响。颜色和设计的关系内容丰富，本书举一些比较典型的例子做启发。

- **颜色的心理感受**

人对颜色会产生不同的心理感受，因此在设计的时候，设计师灵活使用颜色可以制造心理感受的氛围、引导态度及行为。

1）兴奋与沉静。红、黄、橙、绿等暖色往往会给人兴奋的感觉，而蓝、紫、灰、黑等颜色则给人以沉静的感觉。

2）轻色和重色。浅淡的颜色给人以轻快感、浓深的颜色给人以沉闷的感觉。轻色在上重色在下的时候会给人安定的感觉，而轻色在下重色在上的时候，则给人不稳定的感觉。

3）前进色与后退色。在同一个平面上的颜色，有的颜色使人感觉突出，有的颜色给人感觉靠后。比如红、黄给人前进感，青、绿给人后退感。浅色中出现一小块深色会使人感觉向后，而深色中出现一小块浅色则会使人感觉靠前。

7.3 态度的测量和研究

态度是可以测量的。在设计的学习和工作中，通过对问题的计划和设计，我们可以测量人们的态度，以便更好地做出设计。设计师可以学习社会心理学中常用的态度测量方法，并将其应用于设计实践活动中，比如态度量表、问卷等。

由于态度的因素分为认知、情感和行为。通常，设计的态度测量也围绕这个定义展开对态度的测量。

认知成分：了解消费者是否同意，是否理解。

情感成分：了解消费者是否喜欢，带有怎样的情绪感受。

行为成分：了解消费者是否去做，支持与否并化为行动。

| 7.3.1 经典的态度问卷或态度访谈

• 利克特量表

1932 年，R.利克特提出了一个简化的测量方法，称之为相加法。它不需要收集对每个项目的预先判断，只是把每个项目的评定相加得出一个总分数。利克特量表是由一系列陈述组成的，利用 5 点或 7 点量表让被试做出反应，5 点量表是从强烈赞同（5）、赞同（4）、中性或一般（3）、不赞同（2）到强烈不赞同（1）。7 点量表则分为强烈赞同、中等赞同、轻微赞同、中性、轻微不赞同、中等不赞同、强烈不赞同。这两种量表是使用得最广的。

利克特量表的一种改进形式是强迫选择法，为了使被试一定做出选择而排除了中性点，如把原 7 点量表改为 6 点量表。有人用颜面法代替陈述法，用之于无文化的被试。

- **态度测量的组织方式**

根据态度测量问题的组织方式，我们可以分为有组织和无组织两种。一般来说，有组织的方式其题目和选项都是事先拟定的，回答者在回答态度问题的时候选择答案即可。有组织测量的方式是封闭式的。

无组织的方式是由回答者自由表达对某事的看法，并给出大致的问题方向，由回答者畅所欲言，提问者穿针引线。这种测量方式是开放式的。两种方式各有其特点，有组织的对需要的结果可以进行量化处理，进行比较；无组织的对结果可以进行更多的挖掘，了解态度形成的原因，过程等。

举例：

（有组织的问法）下面哪种情况符合你对这个产品的看法？

A. 这个产品注重外观设计，忽视内在功能。

B. 这个产品注重内在功能，忽视外观设计。

C. 这个产品既注重外观设计，又注重内在功能。

D. 这个产品既不注重外观设计，又不注重内在功能。

（无组织的问法）请你谈谈你对这个产品的感受。你喜欢它吗？如果喜欢，为什么？

- **态度问卷设计应用示例**

针对手机产品的态度问卷设计（注：以下为说明态度量表而设计，并非真实产品的问卷）

项目	请根据您的实际感受填写， 1 表示不符合，5 表示很符合				
使用这款手机让我感觉能跟得上潮流	1	2	3	4	5
使用这款手机让我感觉操作很便捷	1	2	3	4	5
使用这款手机让我觉得拍照体验很好	1	2	3	4	5
这款手机让我更好地使用各种应用	1	2	3	4	5
这款手机让我感觉更注重安全与隐私	1	2	3	4	5
这款手机的待机和充电性能合理	1	2	3	4	5

请说说当时您为什么挑选这款手机，您考虑的因素有哪些呢?
请您对以下品牌在你心中的位置做一个排序。
品牌 A　　　　　　　( )
品牌 B　　　　　　　( )
品牌 C　　　　　　　( )
品牌 D　　　　　　　( )
品牌 E　　　　　　　( )

　　在实际项目中，根据项目的产品内容不同，在设计态度问卷的时候，可以综合组合这些问题的问法来达到期望的效果。

7.3.2　应用净推荐值测量态度

　　近几年渐渐流行起一个简单又更好地针对自己产品和其他公司产品比较，以及在一个连续时期内比较顾客满意度是否改善的态度测量应用方法，叫作净推荐值（Net Promoter Score，缩写为 NPS）测量。

　　• **什么是 NPS**

　　NPS，是一种测量顾客忠诚度和顾客关系的管理工具。目前许多世界 500 强公司应用这个指标。NPS 测量指标是由贝恩咨询公司的创始人弗雷德发明，并在 2003 年的《哈佛商业评论》中著写的《你需要增长的一个数字》介绍给大家。

　　引入 NPS 后，我们可以通过向他人推荐的意向测量态度的倾向，帮助市场推广、了解口碑效应并游说潜在用户，可以进一步询问"你给出这个分数的原因是什么"或"哪些地方改进之后可以提高分数呢"，以此来搜集背后的原因并改进思路。

　　• **NPS 中的心理因素**

　　NPS 并不是直接问消费者或顾客"你下一次是否会购买"或"你对我们的产品与服务有多满意"。净推荐值通过询问"是否愿意推荐给他人"将态度的认知、情绪和行为结合起来，探测出消费者的态度。通常的态度问卷，对答题者的认知和情绪进行了探测，本质上和他本次获得体验的满足有关。NPS 这个方法通过设问将潜在的行为倾向结合到态度上来，使得答题者不仅考虑自己主观的感受，还给出了自己的情绪和因此会采取的潜在行动，和传统的态度测量结合更好地抓住了消费者的心理，也为后续的设计改进和效果考核提供了一个可操作性的方法。

- **NPS 的计算方法**

NPS 的测量可以归结为对一个简单问题的回答：你向朋友或同事推荐我们公司/产品/服务的可能性有多大？该问题的答案从 0 到 10 中选择一个数字，0 代表完全不可能，10 代表完全可能。其中选择 9 和 10 的被称为推荐者（Promoter），选择 7 和 8 的被称为被动者（Passives），而其他选择 0 到 6 的被称为批评者或贬低者（Detractors）。

NPS 的得分=（推荐者数量-批评者数量）/总样本数量

如果在你针对 1000 人投放的问卷反馈中，选择 9 与 10 的有 320 人，选择 0 到 6 的有 120 人，那么你的 NPS 得分为（320-120）/1000=20%。

- **设计举例**

下面我们通过一个具体的案例理解如何结合想测量的项目应用 NPS。下面以中国国某社交电商产品业务的 NPS 应用为例。

1. 你赞同"我总能在 XXX 中找到我想要的商品"吗？
A. 非常赞同
B. 赞同
C. 一般
D. 不赞同，因为_____
E. 非常不赞同，因为_____
2. 你赞同"XXX 商品比其他平台的更好"吗？
A. 非常赞同
B. 赞同
C. 一般
D. 不赞同，因为_____
E. 非常不赞同，因为_____

续表

3. 你赞同 "**XXX** 商品比其他平台的价格高"吗？ A. 非常赞同 B. 赞同 C. 一般 D. 不赞同，因为_____ E. 非常不赞同，因为_____
4. 如果你周围有喜欢×××的朋友或同事，你有多大可能把×××推荐给他？请从 0 分（完全不会推荐）到 10 分（完全会推荐）中选择符合你意向的分数。 0　　1　　2　　3　　4　　5　　6　　7　　8　　9　　10
5. 你对×××有什么建议？（可以从产品设计、商品质量、价格、物流、客服、改进等角度回答）

1）问题数量的多少。

在给消费者或用户投放 NPS 问卷时候，问题的数量也会影响回答的积极性，一般来说问题越多，回答到最后的回收率会相对更低一些。但是问题的数量又和想通过一次调研获得多少信息有关，因此我们建议设计者可以对不同群体用户进行多次少量的投放，找到针对你的用户的有效率的问题数量。

2）对比时注意本身群体的变化。

单纯比较推荐值本身和同行的推荐值参考性不强，由于不同产品的用户受众有所差异，因此对于"满意"和"推荐"的倾向也会不同。例如，垂直母婴类的电商用户群体和下沉农村城镇电商的用户群体，在对产品的推荐倾向方面一定不同，因此不能单纯看自己的产品和二级行业同类的比较，而更应该关注 NPS 本身在自己群体当中的变化情况。

- **分析参考思路**

通过观察一段时期的推荐者、被动者和批评者的比例分布，可以知道哪一段时间的产品或服务需要进一步分析和挖掘原因。

通过不同的细分问题，可以看到相应的具体的短板和用户抱怨度较高的方面。在这个具体案例当中（见图 7-1），可以看到商品的价格和丰富度是该内容电商较大的用户不满意的点。

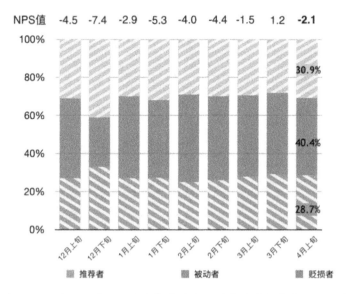

图 7-1　经过不同时间段的净推荐值变化（来源某电商产品 NPS 报告）

进一步整理商品价格的细分问题，可以看到整体的价格满意度始终维持在一个较低的比例当中，说明当前该厂商在用户心中的价格始终处于同行业中较高的一档，并且直接导致了用户不愿意将产品和平台推荐给朋友。因此，想要提升产品的 NPS，最迫切和最有效的方法之一，就是在产品的定价策略和成本方面进行控制，从而让用户感受到价格的实惠并扭转价格高的印象。

参考文献

[1] 理查德·格里格，菲利普·津巴多. 心理学与生活[M]. 王垒，王甦，等译. 北京：人民邮电出版社，2003.

[2] S.E.Taylor L.A.Peplau D.O.Sears. 社会心理学[M]. 谢晓非，等译. 10 版. 北京：北京大学出版社，2004.

[3] 迈克尔·R. 所罗门，卢泰宏，杨晓燕. 消费者行为学[M]. 8 版. 北京：中国人民大学出版社，2009.

第 **8** 章 用户心理模型

请看图 8.1 中的视觉设计，"请输入手机号"的图形增加了阴影效果，它是一个输入框还是一个按钮呢？应该点击它还是在其中输入文字？用按钮的方式处理输入框是否符合用户的习惯？关于这些的讨论，便是这一章的话题：用户心理模型。我们将在这一章里讨论用户的基本分类，了解用户心理模型，即如何将界面表达的内容和用户的心理过程结合起来。

图 8-1　某购物网站登录界面截图

8.1 三种用户

用户是产品的使用者和消费者。因为用户是人，而人的行为是非常复杂多样的。我们可以对用户进行一些分类来帮助用户的研究和理解。不同角度可以产生不同的分类方法，因此这往往取决于你希望在哪一因素上对用户进行区分，来了解落在不同用户群里的用户。我们按照用户和产品的熟悉关系来理解用户。我们按照用户对产品的熟悉程度，可以将用户分为三类：新手用户、一般用户、专家用户。设计师在研究需求和设计方案的时候，要考虑到新手用户、一般用户、专家用户各自的特点及他们之间的关系。

新手用户也称初级用户，一般是指第一次接触产品，需要学习如何操作产品的用户。其实新手用户也可以包括那些前几次使用的用户，这些人中有的缺乏对产品的了解，有的之前完全没有接触过产品。因此他们在产品体验中的学习过程、使用能力，将是设计师需要思考和寻求解决方案的问题。

一般用户也称中级用户。指那些已经过了新手阶段的、经过学习的、能够自己完成基本操作的用户。他们也许并不熟练，但在一般情况下，能够进行使用操作。当遇到新的问题和情况时，他们会感到困难，并求助于更有经验的人。

专家用户也称高级用户，或称为经验用户、老用户。他们是一群对产品非常了解，体验多次，往往具有十年以上（并不绝对）经验的用户。他们不仅能熟练使用一款产品，还能对产品所在的系列和发展过程有所了解和掌握；他们不仅掌握了产品一般的操作方法，还积累了自己的经验、技巧；他们比较爱琢磨产品的细节，甚至可以和产品开发者一样如数家珍；他们不仅可以从一个用户的角度提问题，更能够以广泛的用户角度提出观点；他们往往对产品有创新性的建议。

　　除了以上的用户分类，还有按照职业的分类，例如学生用户和白领用户、活跃用户和非活跃用户等。还可以按用户的人口学信息、用户的计算机背景（包括用户的互联网使用背景）、上网地点、收入水平、职业、地域、用户对于该产品的一些使用经验和偏好、使用过哪些同类产品、使用的目的是什么、认为哪款比较好用、影响选择某款产品的因素有哪些、通过哪种途径得知的、使用产品的态度及使用产品的具体行为等因素来划分。用户的分类是为了帮助理解不同的用户，如在不同的领域成所处不同的阶段进行划分。

8.2 用户心理模型

对用户进行分类的依据会导致不同的分群出现。而同一个用户群体，他们在某个因素上的相同性，其实最终是导致他们在理解产品、使用产品的方式上有相似性。用户的这种对产品的认知、使用和评价方式与其内在的心理模型有关。

8.2.1 诺曼的三种概念模型

诺曼认为心理模型是"存在于用户头脑中的关于一个产品应该具有的概念和行为的知识。这种知识可能来源于用户以前使用类似产品的经验，或者是用户根据使用该产品要达到的目标而对产品的概念和行为的一种期望"。

他在《设计心理学 1：日常的设计》一书中首次提出了关于用户心理模型的三个概念。用户心理模型的三个不同方面为：设计模型、用户模型和系统模型[①]。设计模型是指设计人员头脑中对系统（产品）的概念。用户模型是指用户所认为的该系统的操作方法。系统模型是指用户和设计人员之间的交流只能通过系统本身来进行，也就是说，用户要通过系统的外观、操作方法、对操作动作的反应，以及用户手册来建立概念模型。

此外，诺曼还根据用户心理模型的一般规律提出了产品设计中应当注意的一些要点。一是**简化任务的结构**。设计人员必须注意人的心理特征，考虑到人的短期记忆、长时记忆和注意力的局限性。二是**重视可视性**。设计人员注重可视性，用户便可明白

---

① 唐纳德·A. 诺曼. 设计心理学[M]. 北京：中信出版社，2002.

可行的操作和操作方式。三是**建立正确的匹配关系**。设计人员应当利用自然匹配,确保用户能够看出可能的操作行为与效果、系统状态与用户需求之间的关系。四是**利用自然和认为的限制性因素**。明确唯一可能的操作方法,即正确的操作方法。五是**考虑可能出现的人为差错**。考虑用户可能出现的所有操作错误,并采取相应的预防或处理措施。六是若无法做到以上各点,就采用**标准化**。

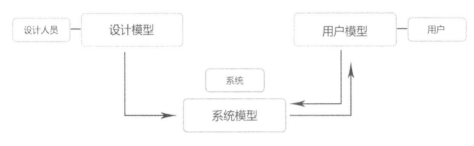

图 8-2 诺曼的三种概念模型

8.2.2 用户心理模型概述

- **心理模型概念**

在心理学中,心理模型也叫心智模型。心理模型的概念最早由心理学家肯尼思·克雷克提出,克雷克认为心智模型是用于解释个体为现实世界中之某事所运作的内在认知历程。[①]心理学家约翰逊·莱尔德等人在《心理模型》一书中对该概念进行了更清晰的表述。克雷克认为心智模型是用于解释个体为现实世界中之某事所运作的内在认知历程。心理学家约翰逊·莱尔德认为心智模型是人们理解了客观世界后,在脑海中形成的一个较为简单的世界。心理学家、可用性大师雅各布·尼尔森则认为心智模型就是用户对其正在使用的系统的理解。此外在管理学领域,彼得·圣吉在《第五项修炼》中对心智模型做了如下定义:"心智模型"是根深蒂固于心中,影响我们如何了解世界及如何采取行动的假设、想法、图片或想象。[②]而青木昌彦等经济学家则认为人在决策过程中的倾向性及人们所表现出来的某种技能就是心智模型。[③]

心理模型是从用户的心理入手,深层次地挖掘用户的本质需求,给新产品的设计和开发提供有力的依据;心理模型揭示用户的心理,不受工具和用户具体行为的局限,

① 肯尼思·克雷克. 解释的本质[M]. 剑桥:剑桥大学出版社,1967.

② 彼得·圣吉. 第五项修炼[M]. 北京:三联书店,1992.

③ 青木昌彦. 比较制度分析[M]. 上海:上海远东出版社,2001.

可以为多个产品开发提供服务。在面对产品时，用户对其产生的心理模型同样会对用户如何操作产品产生指导意义；另一方面，设计师对自己的产品产生相应的心理模型，这就出现了设计师和用户的心理模型不匹配的问题，这种不匹配会使用户无法顺利操作产品，甚至可能导致产品的失败。

- **心理模型的形成**

对每个个体来讲，与生俱来的先天因素与后天的经历都会对心理模型的形成起着重要的作用。心理模型的形成因素包括教育经历、他人的影响、个人经验。

（1）**教育经历**

不同的教育经历决定了个体知识背景的差异。我们可以把个体知识背景的差异分两部分来理解，首先，知识的广度层面，既不同专业背景的差异，如科学家与艺术家看待问题的方式与角度有所不同；其次，知识的深度层面，既相同专业的不同学习程度的差异。教育能够使人接受各种有用的知识，并把这些知识作为基础，升华自己独特的治学思想、理念和方法，影响个体对事物的理解、态度、假设等，进而影响其心理模型的形成。

（2）**他人的影响**

每个个体都不是独立存在的。我们每个人都生活在"环境"中，这种"环境"包括物的因素，即房屋、草木、道路等；也包括人的因素，也就是我们身边的朋友、家人、导师等。每个人的思想都会或多或少地影响周围人的心理模型的形成。

（3）**个人经验**

个体具备从经历中总结经验教训的能力，这对个体如何看待生活或特定事件有着重大影响。很多自学成才的艺术家通过不断的实践形成自己的创作方法和独特的艺术风格，这是经验影响心理模型的有力佐证。

- **心理模型的特性**

我们可以看出，各个领域对心理模型的概念有不同的见解，但对心理模型的特性却有着统一的认识。总结诺曼、雅克布·尼尔森等人对心理模型特性的研究，我们认为心理模型具有主观性、动态性、功能性、相似性等。

（1）主观性

心理模型存在于人们的头脑之中，这决定了心理模型的主观性。主观性是心理模型的本质属性，心理模型的主观性决定了其相似性、动态性等特性。

（2）动态性

个体的心理模型会随着时间发生一定的变化。当人们经历了全新的事物，就会给人们的头脑带来相应的、全新的知识，使人们的心理模型处在不断地变化和发展中。

（3）功能性

心理模型影响我们如何理解世界及如何采取行动的根深蒂固的假设、概括，甚至图片或想象。心理模型不但反应现实世界，还会反作用于客观世界。

（4）相似性

根据人们对同一事物是否有相似的假设、概括或想象，可以判断人们是否具有相似的心理模型，相似的心理模型又是相同行为的基础。

8.3 用户心理模型与设计

8.3.1 用户心理模型对设计的作用

心理模型作为一种用户研究方法，能够帮助设计师了解用户，用户心理模型是设计活动的前提和基础，设计师应当以用户心理模型为目标，尽可能让产品贴近用户。用户心理模型也是检验产品的工具，设计团队可以通过用户心理模型检验竞争产品，发现其存在的问题，以发掘设计机会点。

8.3.2 用户体验要素

贾赛·詹姆斯·贾略特在 2011 年出版的《用户体验要素：以用户为中心的产品设计》中分五层介绍了用户体验要素，包括战略层、范围层、结构层、框架层、表现层。

战略层：成功的用户体验，其基础是一个被明确表达的"战略"。既要了解用户对产品的期许，又要知道企业开发产品的目标。战略层的任务是确定动机。

范围层：当我们把用户对产品的需求和企业的目标转变成产品的内容和功能时，战略就变成了范围。范围层的任务是确定功能规格和内容需求。

结构层：当确定了产品所包含的特性，我们就需要思考如何将这些分散的特性组成一个整体，这就是结构层：为产品创建一个概念结构。结构层的任务是确定信息构架并进行交互设计。

框架层：我们要进一步提炼产品的概念结构，确定很详细的界面或外观、导航和信息设计，这能让结构变得更实在。框架层的任务是界面设计与信息设计。

表现层：将产品的内容、结构、信息都通过视觉化的语言表现出来，通过视觉语言与用户沟通。表现层的任务是进行视觉设计。

那么心理模型与用户体验要素之间存在怎样的关系呢？笔者认为心理模型可分为宏观的心理模型与微观的心理模型。宏观的心理模型呈现的是用户在态度和活动层面的认知结构与内容，包括用户的关键概念、产品期望、任务流程与相关模型；微观的心理模型是指用户完成一项具体任务时的心理活动。心理模型可以从用户的价值判断等宏观因素到产品操作等具体细节分析用户，对产品设计具有指导意义。表 8-1 是用户体验要素与心理模型要素的对应关系。

表 8-1　构建体验要素与心理模型要素的对应关系

用户体验要素			心理模型要素
表现层	视觉设计		风格喜好
框架层	信息设计	界面设计	行为及思维方式
结构层	交互设计	信息构架	
范围层	功能规格	内容需求	用户期望
战略层	企业目标	用户需求	价值标准

8.4 用户心理模型的构建与应用

为了更好地做出设计，设计师如果能掌握一些基本的常用的心理模型研究方法，则会对思考用户如何看待和使用产品有很好的帮助。用户心理模型的建立，能使产品顺应用户所想，预判出用户的期待并满足其需求。

8.4.1 构建用户心理模型的一般流程

要把心理模型作为一种用户研究方法应用到设计中，大致可分三个阶段来进行：前期准备阶段、心理模型的构建阶段、心理模型的应用阶段。在前期准备阶段中，要根据项目的具体情况确定研究目标、研究计划及时间安排等。而在心理模型的应用阶段，通常的做法是以用户心理模型为基础，按照用户需求进行产品设计。用户心理模型的构建一般可分为两大部分：心理信息收集和心理信息分析（见表 8-2）。

表 8-2 构建用户心理模型的一般流程

心理信息收集	心理信息分析	
用户访谈	类聚法	KJ 法
测试		卡片分类
发声思考	多维尺度	
用户观察	路径搜索	

- **心理信息收集**

要想构建用户心理模型，应先将用户的心理活动外化并记录下来。而心理活动必然要借助用户的行为、语言等形式表达出来。研究人员可以通过用户访谈、观察、发声思考等形式收集用户的心理信息。

（1）用户访谈

在这里，我们列举几个常见的访谈中的问题，来帮助我们了解用户的心理模型。

- 你在做出这个动作的时候，是怎么考虑的？你希望达到的结果/效果是什么样的？
- 你觉得产品/界面给出的结果是你所预料的吗？为什么？能再展开说明一下吗？
- 你觉得有哪些地方让你感觉困惑或困难，为什么会这样？

（2）测试

测试法要注意的是对任务的设计，并且通过对参与者使用的实际结果做出分析。

一般测试法会用到以下表格，这里以手机使用的用户心理模型确定作为示例（见表 8-3），具体的内容由设计师根据不同的产品及自己的目的做改变。

表 8-3 手机使用的用户心理模型确定

任 务	用户操作过程	使用时间	观 察 记 录
新建一个联系人，并且添加号码和关系	寻找创建按钮，找到了 点击并打开了新建联系人的界面 输入了号码 寻找保存按钮，出错一次 保存号码完毕 寻找到关系添加的输入位置 输入完毕 保存到通讯录	25 秒	其中在输入号码后寻找保存按钮，但没有找到，最终，在尝试错了一次后才发现
更改手机的铃声	……	……	……

（3）发声思考

发声思考是由克莱顿·刘易斯针对产品可用性提出的。此后克莱顿·刘易斯等人在《任务为中心的用户界面设计：一个实用的介绍》做了更为深入的解释。发声思考要求参与者在研究中执行一系列特定任务，并将自己的想法和思维说出来。参与者要描述自己看到的内容、想法、行为和感觉。设计师可以对参与者执行任务并描述的过程进行录像，记录当时的情景。

（4）用户观察

为了研究用户心理模型的观察法，主要包括以下观察的对象和目标：

- 用户在对界面上的信息进行观察时是否有停顿，停顿之处在哪里？

- 用户对界面的操作从哪里开始？并且思考他为何从这里开始，这和他要完成的内容有什么关系？
- 用户进行了哪几步操作？是否其中有出错的内容？
- 用户在操作时是否有向观察人员提问？（如果是不被用户知道的观察，则不需要向观察人员提问）
- 用户的操作过程每个阶段花了多少时间？

在做观察法的时候，可以事先将所需要观察的要点进行明确，并且做成表格方便记录。以上方法是笔者在实践工作中总结的一些体会，这些方法在其他参考资料中也有更多的介绍。需要注意的是，用户心理模型的理解、思考和建立，可能并不能被完全量化。对用户心理模型的研究也许只是更接近对人们心理过程的概括。尽管如此，如果设计师能多思考用户需求，通过各种方法在设计时多建立产品所对应的用户心理模型，是非常有意义的。一个经验丰富的设计师，一个做出成功产品的设计师，一定也是一个对用户有很深的理解且热爱思考的设计师。

- **心理信息分析**

心理信息分析要在心理信息收集的基础上。研究人员可以通过多种方法分析用户心理信息，其中类聚、路径搜索、多维尺度等方法的应用较为广泛。路径搜索与多维尺度法多应用于心理学，需要有较强的统计基础，设计师或设计学科的同学们使用起来有一定难度。类聚法是设计师较为常用的心理信息处理方法，常用的类聚法有 KJ 法和卡片分类，心理信息的收集情况决定了采用哪种类聚法，如果获得了大量的数据，研究人员通常选用 KJ 法处理。心理信息的分析是心理模型构建过程中非常重要的环节，又因为其结果往往与研究人员的主观判断有关，所以比较考验研究人员的经验和能力。

（1）KJ 法

KJ 法是新的 QC 七大手法之一。KJ 法是将未知的问题、未曾接触过的领域的问题及相关事实和意见之类的语言文字资料收集起来，并利用其内在的相互关系做成归类合并图，以便从复杂的现象中整理思路，抓住实质，找出解决问题的途径的一种方法。

使用 KJ 法类聚用户心理信息的步骤如下：

1）准备会议：KJ 法是与头脑风暴相结合的分类方法，所以分类是在头脑风暴会议中完成的。

2）提出设想：由参与者总结需要类聚的内容，并用短语命名。

3）初步类聚：让参与者根据自己的想法、感觉、经验对内容进行分类，将相似的内容放在一起，形成小组。

4）命名：由参与者命名归类形成的小组，小组的名称在语法上最好一致。

5）重复类聚：根据需要将小组再次类聚，可以进行3次甚至更多次数的类聚。每次类聚都生成一个新的层级，且要对新生成的小组进行命名。

6）完成类聚：确定所有的类聚与形成的小组。这个过程中要合理分布各个组别和层级的顺序及位置，形成完整的用户心理模型。

（2）卡片分类

除了 KJ 法，我们也可以通过卡片分类的方法分析、收集心理信息。卡片分类是我们了解人们如何对事物分类的方法。[①]卡片分类又分为开放式卡片分类和封闭式卡片分类。开放式卡片分类非常简单，只要给大家发一些卡片（通常是纸质的索引卡），卡片上要有内容示例。要求人们根据相似性把卡片放入不同的堆中，然后描述一下他们指定的分组。封闭式卡片分类是给人们一套写有内容的卡片和一系列类别，然后要求人们把这些卡片放入预先确定的类别中。卡片分类的主要步骤如下：

1）确定内容。明确自己要研究的内容非常重要，这是卡片分类的基础。把需要分类的内容收集起来，制作成索引卡。

2）选择方法。是采用开放式卡片分类还是封闭式卡片分类。

3）邀请参与者。选择正确的参与者才能给研究带来可靠的结果。

4）执行卡片分类并记录结果。

5）分析结果并应用于项目中。

8.4.2　Indi Young 的心理模型研究方法

Indi Young 将心理模型的构建分解为以下 5 项工作：项目定义与商业探索（Business Discovery）、用户分类与招募（Audience Segmentation & Recruiting）、构建心理模型（Mental Models Synthesis）、根据用户心理模型检验产品策略（Alignment & Strategy）、根据心理模型导出信息架构（Structure Derivation）。

---

① 唐纳·斯潘瑟. 卡片分类：可用类别设计[M]. 北京：清华大学出版社，2010.

- **项目定义与商业探索**

商业探索重在了解企业的内部需求，特别是产品开发相关的人员对产品设计的看法，了解企业发展的需要及对产品的期望。Indi 将商业探索分两部分进行：访谈利益相关者，回顾以往研究。利益相关者是指项目的参与者或与项目相关的管理者，访谈利益相关者能了解企业或项目组对产品策略的设定，明确项目目标。回顾以往研究应该和访谈利益相关者同时进行，回顾以往的研究报告，可以让你了解之前的研究者对用户进行过哪些研究及研究的结论和深度。

- **用户分类与招募**

在用户研究的过程中，时常会遇到目标用户群比较复杂的情况，这需要进一步细分。实施用户分类的标准多种多样，分类标准的选择往往依据研究目标和设计定位。用户分类的标准应该满足以下两个条件：一是符合研究目标；二是能体现出用户差异。对于第一个条件来说，重点在于项目计划阶段是否能够明确研究的目标及关键问题。很多对研究没有帮助的用户分类标准都是因为研究目标不明确而产生的。而对于第二个条件，有时我们需要一些预先调研。我们可以先将所有符合研究目标的维度列出来，然后针对这些维度进行用户访谈，通过访谈能够得到用户间的共同点和不同点，从而选出能够体现用户差异的用户分类标准。

Indi 强调根据行为对用户分类。在为"JMS 影迷娱乐网站"网站设计的案例中，Indi 先对不同身份的用户在看电影时可能出现的行为进行头脑风暴，将有相似行为的用户归类，得出很多种不同行为的用户，包括社交影迷（Social Moviegoer）、影迷（Movie Buff）、超级粉丝（Big Fan）、电影纯粹主义者（Film Purist）、伪装艺术家（Make-Believe Artist）等。随后，Indi 发现用户之间的不同主要是由 3 个核心维度造成的：对故事情节的追求、对视觉效果的欣赏、对同伴的选择。最后，Indi 选择了能表现这 3 个维度的 5 种用户进行组合，得出典型影迷（Typical Moviegoer）、视觉效果追求者（Craft Aficionado）、故事迷（Story Fanatic）、超级影迷（Total Film Buff）这 4 种分类。

- **构建心理模型**

Indi Young 女士总结出构建心理模型的过程，包括撰写访谈提纲、访谈用户、制作访谈文档、类聚任务、形成心智模型等工作。

（1）撰写访谈提纲

库涅夫斯基提出一般性的访谈结构包括以下 6 个阶段：介绍，暖场，一般性问题，深入关注，回顾，总结。[①]在撰写心理模型的访谈提纲时，要注意问题的非引导性。非引导性问题要做到：关注用户的直接体验，而不要让用户推测自己将来的行为或想法；客观，避免让用户觉得你在期待某个特定的答案；关注单一主题，避免在一个问题中使用"和""或者"连接两个主题；保持问题的开放性，我们需要用户尽量多地阐述自己的想法，特别是心理模型中的访谈，开放性问题能挖掘用户的想法。

（2）访谈用户

与撰写访谈提纲一样，在实施访谈时也要注意问题的非引导性。非引导性访谈是不会引导答案或者导致答案有偏见的过程。它是获得用户思想、感情及经验，而不会被访谈人筛选想法的过程。

进行非引导性访谈要注意这几点：定义术语、不要强求观点、重述答案、仔细倾听用户对你的提问、永远不要说用户错了。定义术语是因为每个人对词语的理解有所不同，特别是我们在使用技术术语时，一定要确保我们和用户对术语的理解是一致的。我们可以使用用户说出的术语，询问用户该术语的意思后再使用。不要强求观点，避免让用户觉得你在引导他说出某个特定的答案。重述答案能帮助你验证对答案的理解，也能进一步获得用户对答案的解释，从而挖掘深层次信息。用户对你的提问往往能揭示他对某一问题的理解，往往包含用户的思维方式和心理活动。不要说用户错了，这样会给用户带来挫败感，妨碍你与用户之间进行自然的对话。

（3）制作访谈文档

访谈文档就是将访谈时的情况特别是语言，记录成文本文档。在访谈结束后，要尽快整理访谈内容，根据录音和文字记录将其制作成文本文档。制作文本文档的过程包含整理人对访谈的理解和记忆，所以要尽快进行，避免因为时间的拖延而影响了文档中包含的信息量。文本文档要尽可能还原访谈的真实情况，尽量减少整理人主观的筛选和判断。

（4）类聚任务

生成访谈文档后，就可以开始从文档中提取用户的典型心理活动，我们把这些典型的心理活动称为"任务"。设计人员要仔细阅读每份文档，尽量全面提取"任务"。在提取任务时一定要根据访谈文档中的内容，我们称这些内容为"引语"，即来自用户的语言。下图为引语和提取的任务。类聚任务的过程一般分为3步。首先，按照主题

---

① 麦克·库涅夫斯基. 用户体验面面观——方法、工具与实践[M]. 北京：清华大学出版社，2010.

把"任务"类聚成"任务塔"，并给任务塔命名。比如，我们可以将"购买电影的 DVD 光碟"和"获得别人赠送的电影 DVD 光碟"这两个任务放在一个任务塔内，命名为"获得 DVD 光碟"。其次，类聚"任务塔"形成"心理空间"并命名。比如，可以将"收集电影相关产品"和"获得 DVD 光碟"等类聚到一个心理空间中，命名为"认同一部电影"。最后，各心理空间构成心理模型。在类聚任务完成时，我们会得到 3 个层级的内容：任务、任务塔、心理空间。

（5）形成心理模型

当我们已经得到任务、任务塔、心理空间时，心理模型的内容就已经呈现出来，要想形成心理模型，只需要明确各心理空间之间的关系，合理安排他们的位置和排列，确定各心理空间的优先级。

- **根据用户心理模型检验产品策略**

Indi 把心理模型看作指引产品战略发展的地图和检验产品的功能框架。在检验产品策略阶段，设计人员可以通过心理模型确定未来产品的发展策略或检验现有产品的功能和特性。

在用户心理模型中的每个空间都反映了用户对产品的功能需求，心理模型涵盖了用户对产品功能及特性的全部需求。如果将用户心理模型运用在产品的早期，心理模型就可以作为产品设计的基础和指导，帮助指定产品策略，让设计人员按照用户需求进行设计。如果将心理模型运用在产品开发的中后期，即产品雏形已经具备或设计已经完成，我们就可以将产品的功能特性与用户心理模型进行对照，发现产品存在的不足及改进空间。

Indi 在"JMS 影迷娱乐网站"网站设计的案例中用自己构建的用户心理模型对竞争产品做了比对和分析。她制作了一个坐标轴，将构建的用户心理模型放置在轴的上方，将竞争产品的功能和特性对照坐标轴上方的任务塔放置在轴的下方。在"认同一部电影"这个心理空间中，Indi 发现竞争产品没有任何功能可以对应"多次观看一部电影"及"收集电影相关产品"等任务塔。而竞争产品却为用户提供了为偶像写信的服务，但是这项需求并没有在用户心理模型中出现。于是，Indi 为网站增加了"DVD 发放信息"这项特性。

- **根据心理模型导出信息架构**

明确了产品功能和产品发展策略，就可以搭建产品信息架构。在互联网产品中，信息架构是产品非常重要的基础，只有清晰具体的信息架构才能帮助设计人员呈现出良好的产品，为界面设计打下坚实的基础。

在"JMS 影迷娱乐网站"网站设计的案例中，Indi 最终把构建出的用户心理模型作为网站的信息框架，并把众多心理空间再次进行类聚，最终形成了网站的导航。

自工业革命以来，随着社会的发展，工业设计的核心也处在不断地变化当中，从功能主义的设计思潮到人性化设计，再到绿色设计，现阶段已经转向了以用户为中心的设计。以用户为中心的设计把"人"作为设计的前提，强调了用户的重要性。心理模型正是把用户作为中心的设计方法，且强调人类最根本的心理活动。近些年来，心理模型逐渐被设计领域认识并接纳，但对心理模型的运用还停留在初始阶段。越来越多的设计人员认识到用户心理模型的重要性，但真正深入研究用户心理模型且将之应用在设计当中的人则少之又少。本章介绍了心理模型的研究方法，希望能为大家在研究用户心理模型时提供一些参考。

参考文献

［1］李乐山. 工业设计心理学[M]. 北京：高等教育出版社，2004.

［2］唐纳德·A. 诺曼. 设计心理学[M]. 北京：中信出版社，2002.

［3］肯尼思·克雷克. 解释的本质[M]. 剑桥：剑桥大学出版社，1967.

［4］蒂姆·布朗. IDEO，设计改变一切[M]. 沈阳：万卷出版公司，2011.

［5］彼得·圣吉. 第五项修炼[M]. 北京：三联书店，1992.

［6］青木昌彦. 比较制度分析[M]. 上海：上海远东出版社，2001.

［7］贾赛·詹姆斯·贾略特. 用户体验要素：以用户为中心的产品设计[M]. 2 版. 北京：机械工业出版社，2011.

［8］唐纳·斯潘瑟. 卡片分类：可用类别设计[M]. 北京：清华大学出版社，2010.

［9］茵迪·扬. 贴心的设计：心智模型与产品设计策略[M]. 段恺，译. 北京：清华大学出版社. 2016

［10］麦克·库涅夫斯基. 用户体验面面观——方法、工具与实践[M]. 北京：清华大学出版社，2010.

［11］昌西·威尔逊. 重塑用户体验[M]. 北京：清华大学出版社，2010.

［12］吕晓俊. 心智模型的阐释：结构、过程与影响[M]. 上海：上海人民出版社，2007.

［13］瑞格海，伊森斯，弗登伯格. 用户中心设计[M]. 北京：高等教育出版社，
　　　2004.

［14］Ilpo Koskinen. 移情设计：产品设计中的用户体验[M]. 北京：中国建筑工
　　　业出版社，2011.

［15］董建民，傅利民，饶培伦. 人机交互：以用户为中心的设计和评估[M]. 北
　　　京：清华大学出版社，2010.

第 9 章 环境与行为

9.1 环境心理学导入

如果没有人的活动，空间是否还有意义呢？没有人活动的场所，虽然作为物质依然存在，但是却好像失去了动力。

人们在房间里活动，或者短暂离开，房间里都能感觉到一种活力在延续。我们的行为因细腻复杂而有趣，我们喜欢在起居室里各忙各的或者相互陪伴、在卧室里躺着看书等。在这些特定的环境中，不仅仅具备我们行为所需要的设施和服务，不同的装饰风格、家具的数量和特点都在帮助我们了解环境的属性和特征。环境提示了生活中行为的意义、指导我们能做什么和怎么去做。如果没有环境给出的线索，情境就会变得模糊而没有意义。

环境也被我们的行为所改变。自 20 世纪 60 年代起，人们开始关注人类社会的发展对环境造成的影响。人类对环境能源掠夺性的开发导致空气和水等能源被污染、能源使用率增加、人类环境拥挤、噪声、交通事故等问题继续恶化。当制造业、法律法规、规划设计甚至普通民众开始注意到人的行为会对环境产生影响的时候，设计师也无法忽视由环境设计造成的对环境长久而深远的影响。设计的关注点开始转向人类使用者和环境的相互作用，由此尽可能寻找对两个都合适的环境产品。

9.1.1 环境心理学的发展

纵观建筑发展历程，建筑美学很大程度受到技术发展的影响。比如，从东方传统木结构美学范式到西方砖石结构美学范式，再到钢筋砼结构的反重力构图和建筑雕塑性范式，以及钢筋加玻璃结构系统中轻盈、漂浮、通透、虚拟性的现代美学范式，每次重大的技术革新，最终会导致环境美学的变化。第二次世界大战期间，由工程师提出的人体工程学在建筑设计领域得到运用，将罗马时期运用维特鲁威人的尺度作为丈量建筑美学的参考，从而提升到另一个范式中。设计师和研究员关注在不同类型空间中使用者的静态与动态中的尺度，以及对空间的需求和影响。建筑设计开始从强调自身仪式感的范式，转向更加关注以人为主导的情景，提供更加多样而有效的空间。

　　第二次世界大战期间，人文学科中的心理学家主要研究人在听觉、视觉、嗅觉、压力感知等方面对环境刺激的知觉体验。20 世纪初，心理学在视觉感知领域独具代表性的成果——格式塔心理学的提出，这是对环境心理学发展的重要支持。在此基础上，20 世纪 40 年代开始出现环境和行为联系的研究，包括行为地图、环境认知地图和城市社会学。其中对建筑、规划设计极具意义的环境心理学著作《城市意象》在 1960 年出版。书中 Kevin Lynch 通过对美国三座城市空间知觉的分析提出对设计过程有指导性意义的五个要素。这本著作是心理学与设计美学一次非常成功的学科交叉，该书自出版至今一直对设计与规划行业存在巨大的影响，并且也是学科教学中必不可少的教材。

　　当代的建筑设计实验的技术流派突破了人机尺度的百分位问题，更运用现代数字设备与运算软件，收集环境中各类用户的大量静态与动态信息数据，指导新的数字化空间形态生成语言，并同样借助建造技术的数字化，将自由而复杂的形态运用于建筑空间生成、建筑表皮及结构构造等各个方面的实际项目中，发展出如基于拓扑、动力学、参数化及遗传算法等数字技术的数字美学。近期对 AI 技术开发进一步以人类行为甚至各种生物的社会行为的数据模型为依据，模拟虚构环境中的各类事件的可能性。

9.1.2　环境心理学理论的研究内容

　　环境心理学归属于心理学，它主要关注环境场景、情境与人的隐藏行为（感情与思维）、外显行为之间的关系和相互作用。研究内容主要包含两个方面：环境如何影响人、人如何影响环境。

　　换句话说，它在两个层面上关注环境：一个是作为行为背景的环境。在一定的环境条件下我们的情绪、行为才有意义，这种所谓可供性（Affordances）是环境所提供的，它能使行为成为可能，同时，对行为有很大的决定作用。比如环境中没有椅子，你就不可能有坐这个行为；穿越草坪的道路决定了我们可以在哪里散步。

另一个方面是研究人的行为对环境产生的影响。尽管大家公认行为和环境相互影响，那么行为又怎么影响环境呢？这方面的案例比比皆是。宏观上，地球已经被人类改造成巨大的人工场所，每座建筑都是人类改变环境的结果。从微观上，即使是在公共场所随手丢弃垃圾这样的行为，也对环境产生了影响。

┃ 9.1.3　环境心理学的特点

其一，环境心理学中对环境参与者——"人"的强调是它与空间设计其他学科的重要区别。比如在研究城市景观时，一方面深入到居民使用者对景观的经验、理解力、知觉联想、个人性格特征等方面的研究；另一方面深入到环境中，去获取行为条件、物质条件刺激引起行为结果之间的联系。环境心理学从"人"出发，研究环境条件，最终再指向人的行为。

其二，环境心理学是一门将基础研究与应用研究相互混合的学科。大部分的环境心理学研究课题是以生活中的实际问题为中心，发现其中的因果关系或连带关系。"针对一个个具体问题分析研究"的特点也使环境心理学在心理学领域中的理论系统性不强。

其三，环境心理学中以"人"为中心的研究特点使它在研究工作中有跨学科的特点。学科发展初期就涉及社会学、人类学。人体工程学的介入及建筑师、规划师在 POE（环境使用后评价）中的讨论等体现出环境心理学在物理环境和心理环境及行为结果的研究与设计中，需要各方的理论与研究方法的支持。

9.2 环境心理学的基本概念

本节将通过环境心理学中的一些重要的基本概念，大致勾画出这一领域中对设计有较大影响的主要研究成果。

9.2.1 个人空间与领地性

• 个人空间

"个人空间"这个概念最早在心理学领域被提出，随后生物学、人类学和建筑学都相继使用这个术语。

如同生物学中认为同类动物只有受到邀请或默许才能进入别的动物个体空间范围内，否则将被逐出。在人类社会中也很容易看到这样一种现象，比如在公园长椅上、地铁车厢里、电梯里我们会发现人与人之间尽量保持一定的距离。用这段距离包裹每个人周围好像气泡样的空间就是个人空间。个人空间会随着身体的移动而移动，空间的大小也会根据不同的情况出现变化，因此它的不可见性至关重要。

（1）维持个人空间有什么作用

人类学家霍尔在他的研究著作《隐匿的维度》（1969, *The hidden dimension*, Doubleday Press）中提出，人们在生活中根据不同的情况调整个人空间是一种非语言的交流形式。书中根据对美国白人中产阶级习性的研究，提出从个人空间的尺度差别可以看出交往者之间的四种关系类型：亲密、个人、社交、公众，并得出每种空间区中信息交流的量与质的不同。

另一方面，环境心理学家罗伯特·萨默在他的《个人空间》一书中指出，保持一定距离是为了避免受到其他个体的侵犯，或者说是种保护机制。在同样空间条件下，当来自外界的威胁感或自我意识增强时，个人空间的尺度就会变大。比如在一些监狱里的研究结果表明，暴力犯罪者比无暴力史的囚犯的个人空间大四倍，因此前者容易向他人实施暴力，也对他人的威胁更敏感而扩大个人空间的尺度。

（2）影响个人空间设定的变量

人们在自身和他人之间维持多大的距离，这是由什么决定的呢？保罗贝尔在《环境心理学》中总结出以下三个方面。

第一，**情境条件**是决定实现这些功能需要多大空间的一个因素（如和谁在一起做什么）。某些活动类型需要较大的距离以保证恰当的交流和足够的保护。比如与陌生甲方的交易会谈相比家庭会议中人与人之间的距离会更大。在同一情境下，随着交流者之间的距离增加，相互间的影响力及交流效果会变差。

第二，除了情景条件还存在**个体变量**的影响。这些个体差异可能反映了不同的成长阶段、学习经历、文化背景中为实现保护和交流所设定的距离规范，包括种族、性别、年龄、社会地位、人格及个人状态。

第三，新近的大量实验证明决定人际空间的**物理环境**十分重要。比如，鲍姆等人（Baum, Reiss & O'Hara，1974）的实验证明，房间中安装隔断能减少空间遭侵犯的感觉。格根等人（Gergen & Barton, 1973）的实验报告证明，在黑暗中比在光亮条件下，靠得太近会引起更多不舒适。另外，如 "站着—坐着"效应，当人们站立时比坐着时个体距离较近（Altman & Vinsel, 1977）；"室内—室外"效应，在室内比在室外与别人保持更大距离（Cochran & Hale, 1984）等。

• **领地**

与个人空间相对，领地是可见的、相对固定的、有明显边界的，由一个或更多个体拥有或控制的地方。领地普遍比个人空间大，无论人们是否在自己的领地中，都会维持个人空间。领地行为对生物体来说具有重要的动机功能，包含占领一个区域，对它实施控制，使它个性化，对它产生想法、信念和情感，并在一定情况下包围它（Taylor, 1988）。

（1）领地等级与私密性梯度

Altman 与 Chemers 的研究表明，人类使用的领地主要按照其对个体或群体生活的重要程度划分，有三种不同类型——**主要领地、次要领地和公共领地**，而各领地中的私密性也依次降低。

在居所室内空间使用模式中，领地等级的划分明显表现在活动私密度等级与功能间的划分、位置关系及面积配比等各方面。

自中华人民共和国成立以来，中国人民日常生活环境受到制造业发展和经济发展等社会条件的影响，使得个人领地的概念也发生了巨大变化。卧室这一具有较高私密性的场所在 20 世纪 70 年代从同时承担睡眠和会客这两种私密与公共互相矛盾的领域级别中解脱出来。客厅的空间逐渐扩大，并且相应增加家庭会客或公共生活所需场景条件，如"客厅—餐厅—厨房"模式；卧室面积则控制在合理的范围内，并增加了更多的私人附属空间，如大型衣柜、衣帽间。

对于领地和私密度的理解在不同社会价值观和风俗习惯中存在差异。比如，根据 Altman, Nelson & Lett，1972）对单一家庭住房中私密性控制方法的研究表明，有些家庭并不会通过控制物理环境调整私密性，比如他们卧室的门很少关着，没有规范明确的个人领地。而另一些家庭则相反，居室中某些空间设定为某些人的专用领地，并保证私密性。再如 Alexander 描述说秘鲁人认为只有最亲密的人才可以去厨房。因此针对不同的家庭、文化习俗有不同类型的设计方案。

（2）领地的功能

相比动物要求保证食物供应、提供避难场所、养育后代而保全领地，人类使用领地时具有更高层次的需要相关。在人类社会中领地的主要功能是一种**组织功能**，如提升可预见性、维持秩序、保持生活稳定性（Edney, 1975）。不同类型的领地对于个体来说具有不同的功能，群体内"组织者"有必要根据从事活动的类型和活动对领地的要求，选择或规范相应类型的领地（Taylor, 1988），以帮助群内的个体计划、打理生活。

比如，住宅中各领地的功能由领地所有者来规定。最主要的领地——卧室，是可以让人独处，允许亲密行为的场所。次要领地——起居室，则提供家庭内部成员间或者与到访家中的家庭以外人员交往的场所，是彰显家庭身份的场所。而在公共场所，不同领地之间的功能常常由组织者来分配，并常常作为重要的任务指导在设计的前期提出。比如大厅、阅览室、借阅室、放映室等，每个空间都是提供明确的功能性服务的场所。

（3）领地视觉标记及行为规范

领地是一个空间概念，因此需要通过运用视觉化的处理手法**标记边界**，将混沌的空间分割开。所以划分领地与设定边界围合是划分领地的重要行为内容。设计师针对不同的用户特征对其边界和标记艺术化的表达，正是设计项目中重要而有趣的部分。

在私人空间领域的边界的处理方式上东西方存在很大的差异。相对来说，传统的东方文化中对私人领地的包裹比较严密，有更多的防御意味。比如四面围合的传统中式四合院用高墙将内外完全隔开，合院中的中庭也隐藏在院落的中心位置。传统的西方文化中领地边缘则比较开放，比如英式住宅院落的边界通常是低矮栏杆，花园设置在住宅领地的边缘比邻公共街道。而新兴的西方文化中对边界的处理更加隐晦，比如美式住宅外围多是敞开的草坪并用低矮的栏杆围合，视觉上领地内的草坪与公共街道没有太大的隔阂。

人们还倾向于**个性化领地**。在私密性越强的地方，受相对固定的具体使用者个性化改造程度越高。个性化不仅可以增强群体凝聚力（Brown & Werner, 1985），还可以增强人们对领地的归属感，表明所有者身份。个人物件的摆放地，是长期生活的场景提供给我们生活的意义，这些都引发许多对过去事件的记忆，促使我们对环境产生**地点依恋**（Irwin Altman and SM. Low, 1992）。

在空间设计中，私密性越高的地方，留给用户越多可参与性改造的空间是一项非常明智的细部设计。比如为老年人在住宅进户门口设计摆放花草的隔板、医院住院部各科室护士站的装饰角。再如，在日本住宅设计改造综艺节目《全能改造王》中，居民因为原先的住宅过度拥挤、破损等原因不得不改建新居。大多数承担项目的建筑师会在改建后的新居中留用原住宅中的部分构件（如窗棂、主梁等），让个人物件有合适的位置存放，保留这些依恋元素。在物理环境更好的新居中看到这些旧物会让房主们激动不已，感受到新屋是旧房的延续，生活从而一脉相承。如图 9-1 所示的医院病房的护士站中，工作人员们精心布置的个人照片墙及利用角落空间自行布置的舒适的休息空间，无不表现出护士们迫切希望留出一片属于自己的小天地。

图 9-1　上海复旦大学附属儿科医院病房护士站

| 9.2.2 拥挤

• 拥挤与密度

20 世纪以后被称为"都市时代",城市的数量大幅增加,城市本身迅速庞大。统计学上讲当人口数和人口密度达到一定程度,便可称为"人口稠密区(DID)"的单位,并以此作为城市与否的标准。城市面积和人口密度的不断增大在社会环境问题中尤为显眼,人们对即将到来的全球人口过剩的担忧与日俱增。

拥挤与密度即是这一问题主要关注的理论模型。密度概念中存在两个相关条件:"社会密度"和"空间密度"。改变"社会密度"指物质空间不变,改变使用者人数;改变"社会密度"指使用者人数不变,改变物质空间大小。拥挤在环境心理学研究中更加明确地指向社会高密度和空间高密度引起的心理反应。

• 拥挤对行为的影响

(1)情感反应与疾病

高密度环境下出现的低落情绪、身体和心理的退缩被证明可能是对高密度的一种预先反应或者应对方式,比如眼部接触降低、彼此间的关注度降低、不愿交流或者避免谈论私人话题。退缩导致人际关系系统被破坏,进而加强了消极影响。

监狱生活对社会高密度环境中的行为研究有很强的针对性。Paulus、McCain 和 Cox 在关于监狱拥挤现象的比较研究中发现,关押的人数越多,犯人高血压、精神病等发病率和死亡率越高。

(2)攻击性

高密度环境中的退缩行为引发环境心理学家思考高密度对亲社会性(帮助别人)和攻击性(伤害别人)行为的影响。实验证实高密度会降低人们帮助别人的概率。比如,有研究表明在高密度住宅区中,人们较少愿意捡起遗失在过道里标明地址的明信片。大量包括儿童、监狱、老年疗养院的实验证实密度不断增加会使人们更容易对别人或自身生存环境产生厌恶感甚至攻击行为,这一点在男性身上体现更为明显(Smith & Connolly, 1977;RB Ruback & Carr, 1984;Morgan & Stewart, 1998)。

• 影响因素及对设计的指导

(1)个体变量

影响密度—行为反应的产生受到多种条件的限制。个性差异,偏好较大尺度的个人空间的人更容易对高密度产生厌恶感(Aiello, Thompson & Baum, 1981);内控者(善于自我调节的人）的拥挤感阈限高于外控者（对外界影响敏感的人）(Schopler & Walton, 1974)；亲和需要较强的人相比其他人对拥挤环境的容忍力更强（ Miller & Nardini, 1977 ）。文化差异，地中海民族相对亚洲人对拥挤的消极反应强烈得多。时间因素，长期生存于拥挤空间中，人们对压力产生的性别差异并不明显(Lepore, Evan & Schneider, 1991)。

1975 年 Epstein 和 Karlin 将六男六女各分成一组，通过调整各自空间密度进行比较研究，发现出乎意料，男性小组在高密度下的消极反应明显高于女性小组，或者说女性小组在高密度中更容易与别人产生好感。

（2）空间条件

物理条件是影响拥挤感的重要因素，利用研究中的发现指导空间场所的设计，降低或避免拥挤感尤为重要。比如，在拥挤场所或者对男性来说，增加天花板的高度会减轻拥挤感（ Savinar, 1975 ）。长方形的房间比正方形的房间更显开阔些，设有"视觉逃逸系统"（如门窗）的房间拥挤感小一些（ Desor, 1972 ）。在低层建筑中人们的控制感更强，感受到的拥挤度也比高层建筑较轻，更易相处（ Nasar & Min, 1984 ）。光线、墙壁的颜色和材质也有助于减少拥挤感（ Schiffenbauer, 1979 ）。存在视觉焦点，如壁画、广告可以扩大感觉空间（ Worchel & Teddie, 1976 ）等。

（3）组团式的空间分割

1977 年 Baum 和 Valins 则对人均建筑面积相同、不同空间布局的两种宿舍进行比较研究。在共用一个浴室的长廊式宿舍、自带浴室的组团式宿舍两种高密的大学宿舍楼的对比研究中发现：由于共用一个浴室，居住在长廊式宿舍的学生在走廊中不必要的接触更多，较多显示出回避他人的倾向。这导致他们更加不好交际，对别人的关注少，与室友和相邻寝室之间的分歧较大。而组团式宿舍形成的小团体，相互间的团结和友善使得拥挤感较低。

不难理解，近年来强调人性化的人居环境的设计中常常运用类似的组团手法。将均质的大空间划分为众多小尺度的组团，进行多节点化的分割，促进小组团之间的亲和度，同时也能减少大型社区造成的拥挤感。在功能上通过建筑物的分组围合强调小团体的社会结构，也在空间形态上形成了从共享户外公共空间到室内私密空间的层次过渡。

住宅景观环境中的组团绿地既是结合住宅组团围合而形成的公共绿地，面积不大并由住宅围合，居民尤其是老人和儿童使用方便，也是居民之间交流活动的主要区域，是现代居住区最普通常见的绿化形式之一。

9.2.3 环境认知与可读性

人们在城市、城镇中生活，使用城市中的不同功能空间。人们是如何认识他们所在的城市呢？又如何知道怎样从一个地方到另一个地方？虽然在陌生的地方我们会依照地图或者旅行指南来寻找地点，但是在熟悉的地方完全不需要这些也不会迷路。心理学界所关注的人对环境的认知恰恰是环境具有可读性的重要依据。因此，认知过程模型的研究对于如何通过设计让环境具有很好的可读性这两个相反的过程，让在这一领域的研究成果，最早最系统地融入环境设计中，并作为空间环境可读性的重要设计方法之一。

• **认知理论**

（1）认知发展模型

瑞士心理学家 Piaget 提出，由于世界的一切都体现在物与物的关系上，人的认识在于找出其中不同的关系。某些不同的关系根据相似的原则又可以概括为"模式"。不同的"模式"、不同的形象反映到人的头脑中，形成不同的图式。图式是人的心理活动的基本要素。由简单到复杂或更新，变成越来越大的体系，这就是认识发展的过程。图式即"意象结构"的发展过程。幼儿开始掌握的关系基于"接近"关系，图式建立并逐渐发展成更大的结构整体。

由此可以说"人的基本心理组织图式，包含建立一个中心或地点（接近学）、方向与途径（连续性）及领域（围合）"。要使一个人能在一个空间中定出方位，就要抓住这些关系，这是人位于一切物种之上的重要条件。由此证实记忆、问题解决、想象等在认知心理中占有重要的地位（Golledge & Stimson, 1997）。

（2）认知地图

认知地图的研究并不是一个新课题，然而起初只有很少一部分人对认知地图感兴趣，直到凯文·林奇于1960年出版《城市意象》一书后，又被引起了广泛关注。这本书是对城市规划设计最具有系统性指导意义的著作，也是众多建筑与城市规划设计专业的重要指导用书。在城市意象的指引下，帕西尼将建筑空间的认知地图与寻路的行动计划结合，进一步指导了室内空间规划的设计。

• **认知地图的基本要素**

（1）林奇的五大元素

林奇在书中提出了城市尺度上环境认知的五大元素，如图 9-2 所示。

地标：城市尺度上的地标是一种参考点、一个简单的物质元素等，比如，一栋建筑、一个标牌或者一座山。

路径：城市尺度上的道路，即观察者经常的、偶然的或者无意识的行动路线；而街道则相当于建筑尺度上的通道。在城市的尺度里，我们不难发现人们围绕轨道交通或者其他交通形式的路线开始建立起对整个城市的理解。比如，人们对上海的总体认知也是根据地铁与轻轨的路线或者高架环线构架起来的。

节点：城市尺度上的节点是观察者可以进入城市的战略性焦点，是在观察者的行程中备受关注的焦点。

边界：城市尺度上的边界是路以外的线性要素。它们是界限、边界，也有可能是屏障；而建筑上的对等物是具有这种不可渗透属性的墙体，主要指建筑物的外墙。

区域：区域的定义是进入城市中相对大一些的区域的媒介。区域内有一定的共性特征。比如，上海市以行政管辖来分可以分为黄浦区、徐汇区、长宁区等多个区域；以金融密度来分可以分为徐家汇商圈、陆家嘴商圈、虹桥商圈、五角场商圈等。每个区域都有自己的特征。

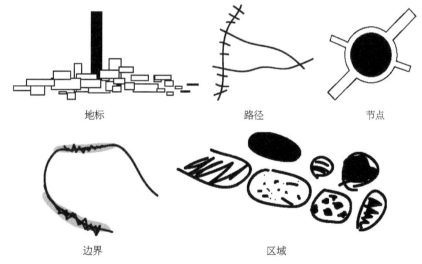

地标　　　　　　　路径　　　　　　节点

边界　　　　　　　　区域

图 9-2　地标、路径、节点、边界、区域

（2）几个变量

如果说认知地图是人们对环境认知的过程，那么哪些因素会干扰这个处理的过程呢？

作为人本身最主要的几个方面：（a）人的发展阶段——7岁以下的小孩儿只根据线性顺序模式组织空间（Hart & Moore 1973）。（b）对环境的熟悉程度——第一次拜访或者不太熟悉的环境，人们都会比较偏重线性的认知方式。有些人很快就会进入空间性认知状态，而有些人还会停留在线性状态上。(c)注意力——是主动探索还是被带领的游览，人们以主动方式探索空间的时候会更加有意识地对空间进行组织，对寻路过程投入更多的注意力，比如在火警进行疏散的时候，指向出口的标识是他们唯一想获取并且能够以最快的速度获取的信息。

- **寻路与行动计划**

林奇提出的这五大空间元素不仅在城市尺度方面非常重要，在建筑的意象方面也同样重要，这些意象都来自人们对于环境信息的提取。那么人们会在什么时候提取，提取什么信息呢?

帕西尼通过研究提出了一个寻路与行动计划模型。我们可以用一个身边具体的例子来解释这个模型。比如，某位大学生在学期结束的时候，为假期制订一个旅行计划。他首先设定了一个行动的目的地，然后有需要搜集一些信息，并将这些搜集到的信息结合自己先前的经验制订一个行程计划。当进一步执行这个行动计划的时候，他会碰到新的问题，接收到新的信息。从出发点到目的地直接形成的意象地图也会随着行为的具体化更加详细准确。

(1)决定计划的产生

人们的每一个寻路任务都包含许多细小的决定。令人惊讶的是，有时即使是一个简单的任务也囊括了大量的决定。在一个20分钟内完成的任务中，部分实验者积累了超过100个的决定。那么这些为数众多的决定又是怎样产生的呢?

(2)计划的分级与组合

决定计划的建立是产生解决方案和产生任务动作的基础，我们可以将每个行为按照时间排列合并，进行逻辑的归类，形成决定计划的图表。原始的复杂任务分裂成次级任务，次级任务引出更多要解决的问题，这些问题的解决办法又包括大量的决定。即使一个小任务在执行过程中都会产生大量的独立决定，但是一个次级任务的单个计划一般都不会超过半打，或者通常是三到四个的决定。

当人们面对每个寻路任务的时候会产生一个新的决定计划，而不会考虑后面某个任务的具体解决方案。比如，当我们正在执行去火车站这个任务时，我们是不会考虑到怎么到候车室这个计划的。

有时候一个寻路人的行为带有自动的形式。比如对电梯的使用。虽然每部电梯的设计和操作板的排序多少有些不同，但都有各自配套的使用电梯的行为模式。在稍大一些的尺度里，比如在超级市场里，即使各个超市的布置不同，但是典型的超市购物行为和路线都是类似的。这就是行为的组合。依靠这种已有的行为组合，解决问题的过程会方便很多，更省事，也更快。因此将决定与相应的次级解决方案组合在一起的时候，人们往往会优先考虑上一级的决定，以这种结构人们就有可能记录下一个很长的决定计划。以某学生旅程部分行动计划为例，如图 9-3 所示。

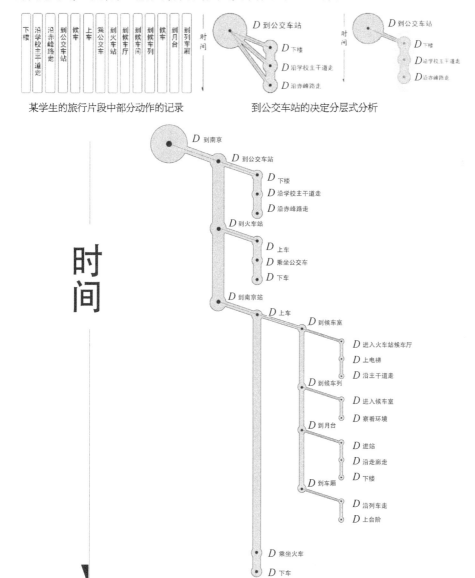

图 9-3 某学生旅程部分行动计划的分层式分析

（3）决定计划的执行

决定计划是寻路任务的一个主要元素。只有将计划转化成行为，计划才能得以完成。空间和寻路问题的解决，最终还是通过行为到达目的地来完成的。这里主要强调的是人们计划中的意象图像与实际获取的图像之间的匹配过程。

环境信息要被获取、说明、理解，并被用在特定的决策点上，才有可能被保存到后期使用。很多学者都提到过人们的记忆中的定位也是分级的。人们记住的不是在城市中明确的位置，而是在更大地理单位中的位置，比如一个州中的一个城市（Stevens & Coupe, 1978）或者在建筑的尺度上。不仅是记住的地点，认知地图也是以分层的结构为基础的。这种分层的记忆对于以逻辑和时间组织起来的决定的建立是非常有效的。

为完成寻路任务，人们必须将所需要的信息列入决定计划中。能否在环境中获得这些信息会在计划中做出分析。比如旅客需要到候车室就必须获取候车室房间号码的信息。当一个人在执行他的决定计划的一部分时，他会试图去认知与这部分计划相关的信息。特定环境信息被接收的概率受对信息需求的紧急程度的影响。即使某条信息对于完成一个基本任务有所帮助，但是当遇到一个正在执行中的决定计划包的时候，即此时正在寻找有关这个计划包的相关信息的时候，很有可能这条信息会被忽略掉。如图 9-4 所示。

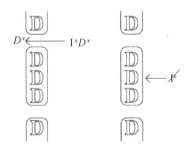

图 9-4　决定是在行为组合的间隙中建立的，相对于这个决定的信息
也应在相应的间隙中提供才是有效的

• **环境认知的设计指导**

依据处于环境中的用户对于环境的理解层次，通过分析认知的过程与等级先后，为空间环境设计相应的辅助系统就是"寻路设计"。"认知地图"和"行为计划"作为环境与人之间的沟通中介为空间环境导向系统的设计提供了非常重要的信息与知识。而环境要素在这个过程中可以被看作催化剂，通过这些要素，创造各种有意义的空间"参照点"。

　　而在平面设计中也出现了类似的分析方法，比如，察看网页的人们首先想要获取的是这个网页要表达的主题，然后了解下面的几个主要的分区，并希望根据认知的主次与先后顺序逐步了解整个网站的内容。如图 9-5 所示。

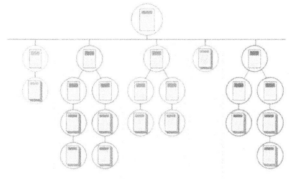

图 9-5　网站层级边界示意图

　　另外，各种设备的操作面板设计甚至软件操作平台的设计都有类似的设计方法。比如，我们现在使用的微软操作系统的各个操作菜单与它们之间的等级关系是根据人们认知的等级关系来设计的。

　　1976 年，时任美国建筑师协会（AIA）会议主席的 Richard Saul Wurman 将信息结构（The Architecture of Information）作为会议的主题，首次提出了信息结构设计师（Information Architect）的概念，1984 年 Wurman 召集了第一次 TED（Technology, Entertainment, Design）会议，正式确立了信息设计这一学科。

　　寻路导向系统的设计就是其一，网页制作、界面设计及软件操作界面等都属于这一类型的设计。文中的这种分析方法对于其他的信息设计同样适用。作为信息传达的设计其实是处于对象与用户之间的一种中介性地位，目的都是要将某种东西介绍给人们。因此在这种类型的设计中，人们对事物的认知能力是这种类型的设计的主要来源。所以作为设计师，只有当我们意识到并充分理解、分析这些内在的认知原因时，设计的产物才是真正有效的。

✍ 参考文献

［1］Kevin Lynch. The image of the city[M]. The MIT Press, 1960.

［2］Edward T. Hall. The hidden dimension[M]. Doubleday Press, 1969.

［3］Robert Sommer. Personal Space[M]. Prentice-Hall,1969.

［4］Paul A. Bell. Environmental Psychology[M]. Saunders 1978.

［5］Baum, Reiss & O'Hara. Architectural variants of reaction to spatial invasion[J]. Environment and Behaviour, 1974, 6:91-100.

［6］Gergen , Barton . Deviance in the dark[J]. Psychology Today, 1973, 7,129-130.

［7］Altman, Vinsel. Personal space: An analysis of E. T. Hall's proxemics framework, [J] Human Behavior and Environment，p 181-259.

［8］Cochran, Hale. Personal space requirements in indoor verses outdoor locations[J]. The Journal of Psychology, 1984, 117(1),121.

［9］Taylor. Human territorial functioning: An empirical Evolutionary Perspective on Individual and Small Group Territorial Cognitions, Behaviors, and Consequences[M]. Cambridge: Cambridge University Press,1988.

［10］Irwin Altman, Martin Chemers. Culture and Environment[M]. Brooks/Cole Publishing Company Monterey, California, 1980.

［11］Altman, Nelson, Lett. The Ecology of Home Environments[M]. Mineographed report Project, U. S. Department of Health, Education, and Welfare, OEG-8-70-0202(503), 1972.

［12］Alexander. An experimental test of assumptions relating to the use of electromyographic biofeedback as a general relaxation training technique[J]. Psychophysiology,1975,12,656-662.

［13］Edney. Territoriality and control: A field experiment[J]. Journal of Personality and Social Psychologh,1975,31,1108-1115.

［14］Brown, Werner. Social cohesiveness, territoriality, and holiday decorations: the influence of cul-de-sacs[J]. Environment and Behavior, 1985, 17, 539-565.

［15］Becker and Coniglio. Environmental messages: Personalization and territory[J]. Humanities 1975, 11: 55-74.

［16］I Altman and SM Low. Place Attachment, Plenum Press[M]. New York and London,1992.

［17］Paulus, McCain, Cox. Crowding does affect task performance[J]. Journal of Personality and Social Psychology, 1978, 34. 248-253.

［18］Smith, Connolly. Social and aggressive behavior in preschool children as a functional of crowding[J]. Social Science Information. 1977, 16: 601-620.

［19］RB Ruback, TS Carr. Crowding in a women's prison: Attitudinal and behavioral effects[J]. Journal of Applied Social Psychology, 1984, 13, 57-68.

［20］Morgan, Stewart. Multiple occupancy versus private rooms on dementia care units[J]. Environment and Behavior 1998, 30(4): 487-503.

［21］Aiello, Thompson, Baum. Cognitive mediation of environmental stress. [J]. Cognition, social behavior, and the environment. Hillsdale, N. J.: Lawrence Erlbaum Associates, 1981, 513-533.

［22］Schopler, Walton. The Effects of Structure, Expected Enjoyment, and Participants' Internality-Externality Upon Feelings of Being Crowded[M]. Unpublished manuscript, University of North Carolina, 1974.

［23］Miller, Nardini. Individual Differences in the Perception of Crowding[J]. Journal of Nonverbal Behavior 1977, 2: 3-13.

［24］Lepore, Evan, Schneider. The dynamic role of social support in the link between chronic stress and psychological distress[J]. Journal of Personality and Social Psychology, 1991, 61, 899-909.

［25］Epstein, Karlin. Field experimental research on human crowding[C]. Eastern Psychological Association, New York City, 1975.

［26］Savinar. The effect of ceiling height on personal space[J]. Man-Environment Systems, 1975, 5, 321-324.

［27］Desor. Toward a psychological theory of crowding[J]. Journal of Personality and Social Psychologh1972, 21: 79-83.

［28］Nasar, Min. Modifiers of perceived spaciousness and crowding: A cross-cultural study[M]. Toronto, Canada: American Psychological Association, 1984.

［29］Schiffenbauer. Designing for high density living[J]. In J. R. Aiello & A. Baum (Eds.), Reidentiao crowding and design, NY: Plenum, 1979, 229-240.

［30］Worchel, Teddie. The experience of crowding: A two-factor theory[J]. Journal of Personality and Social Psychology. 1976, 34, 30-40.

［31］Baum, Valins. Architecture and social behavior: psychological studies of social density[M]. Hillsdale. NJ: Lawrence Erlbaum Associates, 1977.

［32］Golledge, Stimson. Spatial Behavior: A Geographic Perspective[M]. NY: Guilford Press, 1997.

［33］Passini. Wayfinding in Architecture[M]. McGraw-Hill Press, New York, 1992.

［34］Stevens, Coupe. Distortions in judged spatial relations[J]. Cognitive Psychology, 1978, 10, 422-437.

第 10 章 用户调研

10.1 观察法

"我们在不同程度上都是人类观察者。"[1]

10.1.1 观察法简介

在设计中做心理学研究，最基本的技术就是观察。事实上，观察法是所有科学门类中的最基础的技术之一。为了探索，科学家会在自然环境下进行直接观察。观察对解决理论难题常有戏剧性效果。历史上著名的观察实例有很多，比如牛顿对苹果落地的观察启发他发现了万有引力定律，阿基米德观察浴缸里的水，发现了浮力原理……从一定意义上来说，人人都是"观察者"。但是，观察作为一种技术，必须超越常识，生成可以信赖、具有一定效度和普遍性的资料。

- **观察法的概念**

在心理学研究中，观察是指在某一特定时间内或特定事件发生时，参与者自由表现的行为和言语[2]。观察法，也是在自然条件下，实验者通过自己的感官或录音、录像等辅助手段，有目的有计划地观察被试者的表情、动作、语言、行为等，以此来研究人的心理活动规律的方法。同时，观察也可以用于实验室研究，即通过观察评估一个变量的变化。

对于设计心理学研究来说，观察同样重要。为了收集比较原始的资料，设计师必

---

[1] 戴斯蒙德·莫里斯. 男人女人行为观察[M]. 上海：上海文化出版社，2001.

[2] M. 艾森克. 心理学——条整合的途径[M]. 上海：华东师范大学出版社，2001.

须观察。一个创新设计的产生，现有市场上没有任何可以参照的类似物品，这些全新的主意，常常来自一些用户真实生活中没有被满足的需求。这就需要设计师深入用户的生活，观察用户的日常行为，从中洞察到用户的需要，才能发现市场的空白。即使是在原来的产品上进行改良，观察法也是设计师常用的技术。通过观察用户使用现有产品，设计师可以找到用户操作上的行为障碍，认知上的错误理解，决策上受到的影响和感性的反馈。

- **观察法的适用度**

观察法用于研究者观察自然发生的真实事件，所以，与访谈法、问卷法不同，通过观察获取的资料不依赖于被试者的回忆，比较真实客观。通常情况下，经过训练的研究者，即使与被试者互动，也不太会影响被试者的真实反应。当研究者不参与事件的时候，这个优点更明显。对于被试者来说，他们常常只会关注事件中与他们相关的部分信息，也会因为对一些信息过于熟悉而忽略掉它们，所以通过观察，研究者能全面地了解到事件的情况。观察法还很适用于孩子、病人、动物等不能回答问题的被试者。当然，由于事先无法预测，研究者在观察时往往能获得较其他研究方法更丰富、完整、客观的资料。

所有的技术都有其特定的特点。其优点可能是其他技术无法做到的独特之处，同时，由于有着这样的优点，也就必定在另一方面有着明显的局限性。

由于观察的所有数据都是由观察者看到后记录下来的，这些数据经过了研究者的过滤，受研究者的观念和认知特点等因素的影响，有一定的选择性。当研究者置身观察事件之中时，一旦暴露，将会影响被试，起到反作用。同时，一些私人的、隐秘的事件往往不会对外人公开，很难实施观察。由于观察依赖于此时此刻事件发生了什么，那么不同时候的事件可能存在着各种不同的走向，被试者的反应也不尽相同。如果需要对各种情况都做到观察，必将花费大量的时间和精力，所以观察法往往是比较费钱又费时的。也因为其无法全面地观察到各种情况的数据，所以它主要作为定性的研究技术，较难提供定量的准确数据。

▎ 10.1.2　观察法的四个维度

通过观察法做心理学的研究，通常有四个维度需要设计。在设计中，采取观察法的时候同样要考虑需要研究的对象，在这几个方面应该选取几种不同的程度，并搭配组合成一项合理又科学的研究（见图 10-1）。

图 10-1　观察法的四个维度[①]

- **布景**

观察法的布景分为自然布景和人为布景。

设计心理学中的大多数观察是在自然布景下进行的，研究者深入用户的生活，去观察他们在真实环境里的真实生活，或者使用产品的情况。通常情况下，由于被试者在自己常见的熟悉的环境中，他们的表现会比较自然，特别是没有察觉被观察的情况下，将会有更真实、自然的反应。

人为布景可以是实验室，也可以只是一间指定的房间，如会议室、观察室、游戏室等任何有组织的模拟情境。人为布景的优点是可以剔除一些自然布景下的干扰因素，能更清晰地观察到目标变量对被试者的影响。其缺点是被试者可能无法在人为布景中做到与在真实环境中一样自然。

- **结构**

当观察者的研究需要采用预订好的框架记录观察结果的时候，观察法也可以做一定的定量分析。通常结构化的观察，需要对观察者进行事先培训，使得不同的观察者对结构的理解一致。采用结构化数据收集体系的控制观察，又称为系统观察。这种观察可以尽可能高地保有观察者信度。

大多数观察都以定性的方式，不预先确定观察的类别，让整个研究过程保持开放，以便为后来的分析收集到广泛的数据。定性观察研究一般是收集大量的资料，主要是定性的现场资料。研究的目的通常是说明观察条件下的"真实生活"，并提炼出意义。

- **公开性**

当人们没有意识到自己被观察时，可以避免"观察者效应"，但是这种设计会引起心理学研究中的道德问题。从尊重人的角度来说，研究者应该事先告之被试者将被观

① M. 艾森克. 心理学——一条整合的途径[M]. 上海：华东师范大学出版社，2001.

察。但是，当被试者得知被研究时，特别是了解了研究的目的和内容后，往往会影响他们的行为。特别是在"参与性观察"中，观察者一旦暴露身份，被试者就很难很好地袒露个人的真实思想。一个可行的方法是伊克斯等人（Ickes etal.，1970）采用的办法。被试的行为和交谈被自动录制下来，但他们一点儿也不知道，然后，研究者把实情告诉他们，并征询他们的同意。如果不同意，研究者就当场销毁录像带。

由于设计学的研究不涉及隐私，所以大多数的情况下，可以告之被试者正在被观察。

- **观察者参与水平**

"参与性观察"研究是指研究者在一定程度上作为调查群体中的一员从事研究。需要注意的是，这种研究一般综合了多种研究技术，除了观察，非正式的访谈、非正式的交流事件报告、出版物、照片等都可以纳入其中。

10.1.3　观察法的流程

一次完整的观察，一般应包括以下主要步骤：

1）确定观察的目的、内容，指定计划，选定观察的对象；

2）做好观察前的准备工作，如准备观察工具，设计、印制观察记录表等；

3）进入观察场所，获得被观察对象的信赖；

4）进行观察并做记录；

5）整理观察结果；

6）分析资料并撰写观察报告。

在进行观察之前，除了明确观察目的，还必须做好以下各项技术准备工作：

- **确定观察内容**

观察记录总的要求是记录被试者在生活或者工作中，为了达到某事件或者为完成一个任务而发生的动作、语言、态度、关系等。通常具体包括以下几种：

行为：即观察被试者在事件中出现的各种行为，也包括行为的系列关系。

语言：即观察被试者在事件中，对事物的语言反应及其表达词语。

态度：指观察被试者在事件中，表现的语言的音调、音量、持续时间、节奏及特殊发音与词汇，还包括能显示态度的表情和神情。

关系分布行为：指被观察对象在事件过程中所表现的人与人、人与物之间的关系变化。

- **确定观察范围**

进行观察，不可能包罗万象，面面俱到，除了通过抽样选择观察对象，还要在时间、空间上加以取样，限制一定的范围。下表列出了几种不同的取样方法（见表 10-1 ）。

表 10-1　几种不同的取样方法

取样方法	特　点
时间取样	考察在特定时间内所发生的行为现象
场面取样	有意识选择一个自然场面，考察场面中出现的行为现象
阶段取样	选择某一阶段的时间范围进行有重点的考察
追踪观察	对对象进行长期、系统全面的考察，了解其发展的全过程

- **准备观察仪器**

现代化的观察仪器主要有各种录音器材、照相机、摄像机、摄像头、手机等，还有进行图像和声音处理的设备等。观察之前，要检查仪器完好率，了解机件的性能功效，掌握操作方法，保证其精确度，以免在使用时产生故障或失真。如果是非常重要的或机会珍贵的观察，常常需要准备备用的器材。

- **设计观察记录表格**

一个完整的观察研究必须进行观察并现场记录，然后整理观察结果，包括数字统计与文字加工，使材料系统化、精确化、本质化，为进一步分析研究做好准备。

观察记录表格的设计要简明、科学、结构化、易于操作。设计的关键，就是要根据实验的假说对估计可能出现的结果条理化、结构化，形成一个层次不同的纲目，制成表格。表格一般应包括以下基本项目：观察内容（行为表现）、时间取样、场面取样、对象编号、行为、现象表现的等级。

记录量表在观察前要认真检验其可能出现的误差。有了这样较为周密的量表，在观察时，既可以做出合适的详尽记录，又简单易行，有的只要填写数目或符号就行，这样让观察者有边观察边思考的余地。

10.1.4　观察法举例

以下案例的研究主题为上海交通大学硕士生课程作业《大学生第二外语学习情况的调查》。采用的调研方法为观察法和深度访谈法。调研根据大学生学习第二外语的流程，进行调研提纲的制作。这里主要介绍观察法部分。

在观察和访谈中，主要采用了 POEMS 框架：P 代表被观察者（People）、O 代表物体、产品（Objects）、E 代表观察环境（Environments）、M 代表可能相关的信息（Messages），进行关键信息的提取和记录。

根据用户使用相关线上学习软件的流程及问题解决等，观察调研的提纲分成几段：首先，是基础问题的提前电访，能够基本确认用户的第二外语线上学习情况；其次，是观察和访谈用户的具体课程情况，分为课程前、课程中、课程后三个步骤分别进行观察和访谈。以下是节选其中关于观察的提纲：

基于大学生的第二外语学习调研提纲（节选）

观察时间：_____年_____月_____日

被观察者称呼：_____ 先生/女士（请匿名，仅用于辨识）

观察人：_____

一、正式观察前的电访提纲

引导语：您好，我们是上海交通大学设计学院的在读研究生，由于课程的需要，想简单地询问您一些问题。

（如果符合招募要求）请您携带好您学习所需的相关书籍、工具等准时到达约定的地点，谢谢您！

性别		
年龄		
学习语种	（询问第一语种）	
学习时长		
学习方式	挑选被观察者认为有效的进行观察访谈	上课情况（预先问好是否可以旁听观察）
		自学情况（预先问好是否可以演示观察）
		线上 App 使用情况
对语言掌握的程度	（如果考过等级考试）	
学习目的	为什么学（出国、旅行、兴趣……）	

二、正式观察的基础信息

引导语：您好，我们是上海交通大学设计学院的在读研究生，由于课程的需要，想要观察和访谈您学习小语种的过程。在整个访谈和观察的过程中我们会进行录像、录音和拍照，但仅为后续整访谈内容使用，不会外泄，详细见保密协议。

学习基础情况	电访问题确认
	（你正在学习的是什么语言？从什么时候开始学习？采用什么方式？）
	通过哪些途径学习（上课、自学等）
	目前学到什么程度？希望学到什么程度？未来打算在什么情况下使用？
	是否使用相关学习软件？如果是，是哪些软件？经常用的是哪个？
	学习其他语种有没有用过学习软件？其他学习有没有用过软件？

三、"线下上课"的观察提纲

说明：现场观察上课的数据。针对某个用户，以时间为线索，以行为为切入点，记录上课的过程。

课程	课程基本情况	时间点	行为	环境	接触人	接触物	问题	问题解决	信息	服务	耗时	备注
课程1	频率； 收费情况； 课程满意度；	1										
		2										
		3										
		4										
		…										
		…										
课程2	频率； 收费情况； 课程满意度；	1										
		2										
		3										
		4										
		…										
		…										

四、"线上上课"的观察提纲

引导语：您前面提及您有通过线上上课的形式进行学习。请您就之前提及的 XX

软件上常用的 XX 学习，为我们演示一遍您的具体操作和学习的过程。

软件环境：

课程	步骤	行为	页面	接触人	接触物	发声思考	问题	问题解决	服务	备注
课程 1	1									
	2									
	3									
	……									
课程 2	1									
	2									
	3									
	4									

10.2 访谈法

10.2.1 访谈法的简介

访谈法，是指通过访谈者和受访者面对面的交谈来了解受访者的心理和行为的心理学基本研究方法。访谈法以口头形式，根据受访者的答复搜集客观的、不带偏见的事实材料，以准确地说明样本所要代表的总体的一种方式。尤其是在研究比较复杂的问题时，需要向不同的人了解不同类型的材料。

访谈有正式的，也有非正式的；有单人访谈，也有团体访谈，如焦点小组（Focus Group）。在访谈过程中，尽管谈话者和听话者的角色经常交换，但归根到底访谈者是听话者，受访者是谈话者。访谈以一人对一人为主，但也可以在集体中进行。在使用访谈法进行设计研究时，访谈者必须受过专门的训练，掌握访谈法的专门知识和技能。

访谈法在心理学领域中的应用，有较久远的历史，它几乎是和观察法同时出现的。观察法是以研究者对被研究者的观察为采集数据的方式，研究者主要是观察被研究者的行为、表情、态度，记录他们的言语等，通常要避免和被研究者接触互动，以免干扰被研究者的自然反应。而访谈法则需要研究者作为访谈者和被研究者，也就是受访者交谈，通过语言互动，了解受访者的经历、想法、观点、态度，甚至价值观。如果说观察法是获取被研究者直接表露出来的显性信息，那么访谈法更多的是帮助研究者获得被研究者的内在想法——隐形的信息。访谈法和观察法一样，属于定性研究中常见且主要的研究技术之一。

因研究问题的性质、目的或对象的不同，访谈法具有不同的形式。根据访谈进程的标准化程度，可将它分为结构型访谈和非结构型访谈。前者的特点是按定向的标准程序进行，通常是采用问卷或调查表；后者指没有定向标准化程序的自由交谈。根据访谈内容的作用方向，可分为导出访谈（即从受访者那里引导出情况或意见）、注入访谈（即访谈者把情况和意见告知受访者）及既有导出又有注入的商讨访谈。

- **访谈法的优点**

访谈是双方直接交流、双向沟通的过程，特别是在当面访谈时，受访者一般拒绝回答的情况比较少，回答效率高。由于访谈流程速度较快，受访者在回答问题时常常无法进行长时间思考，因此所获得的回答相对来说是受访者自发性的反应，比较真实。由于访谈是以对话方式为主的，只要受访者没有语言表达障碍，无论什么人都可以作为受访者。比如小孩儿等，一些人由于书写的障碍，无法参与问卷调研，访谈是非常好的信息收集方法。

- **访谈法的缺点**

访谈需要受过专门训练的工作分析专业人员。且不同的访谈者的个人特征、价值观、态度、谈话的水平都会影响受访者，造成访谈结果的偏差；而且访谈双方往往是陌生人，也容易使受访者产生不信任感，以致影响访谈结果。

访谈法收集到的信息，因为是经过受访者的回忆、思考、判断或反思等，带有受访者的价值观、观察能力等的影响，往往无法达到完全真实。不同的受访者回答是多种多样的，没有统一的答案，这样对访谈结果的处理和分析就比较复杂，由于标准化程度低，难以做定量分析。

访谈法需要投入较多的人力、物力、财力和时间，工作成本较高，无法大规模地铺开。通常在调查单位较少的情况下采用，最好与问卷法、测试法等其他方法结合使用。

- **访谈法的原则**

首先，要记住访谈的目的是了解而不是表达。研究者应该营造轻松愉快的气氛，创设恰当的谈话情景。

其次，访谈者不能诱导受访者。

最后，访谈者不能在访谈时对受访者进行价值判断。

| 10.2.2 访谈法的流程

• 制订计划并统一培训

访谈要避免只凭主观印象，或访谈者和受访者之间毫目的、漫无边际的交谈。关键是要准备好谈话计划，包括关键问题的准确措辞及对谈话对象所做回答的分类方法。如果由多个访谈者进行访谈，即使是有一定技术和经验的访谈者，也需要进行统一的培训，从而使不同的访谈者对访谈计划和用语的理解是一致的。必要的时候需要做备用方案。

• 受访者的选择和预先了解

找对合适的受访者才能获取正确的数据和信息。挑选受访者的工作非常重要，他们应该是那些相对目标研究对象来说，既带有一定的典型性，又不能太独特。访谈者应该对受访者其经历、个性、地位、职业、专长、兴趣等有所了解；要分析受访者能否提供有价值的材料；要考虑如何取得受访者的信任和合作。

• 访谈过程中的技巧

为了接近受访者，使访谈顺利进行，访谈者应该注意：

在访谈开始时，访谈者需注意礼貌称呼受访者，自我介绍简洁明了，发出邀请时应热情，语气应该肯定和正面。如果遇到拒绝访谈的情况，访谈者应有耐心，不要轻易放弃，弄清楚拒绝的原因，做相应的对策。

在访谈进行时，访谈者的问题要简单明白，易于回答；提问的方式、用词的选择、问题的范围要适合受访者的知识水平和习惯；谈话内容要及时记录，最好能有录音和录像。如果缺少器材或者受场地限制，访谈者需要有能力记录主要的访谈内容。

| 10.2.3 多人访谈：焦点小组

焦点小组（Focus Group）是一种自然形式的多人访谈。访谈者可以从自由进行的小组讨论中得到一些意想不到的发现，但需要注意以下几个方面：

• 早做焦点小组，发现重要的研究问题

当设计团队刚开始探究一个产品的点子时，找一部分潜在用户聚在一起讨论是非常有益的。

• 招募不同背景的受访者

早做研究发现的目标之一就是识别相关细分市场。实现方式之一就是聚集来自不

同细分市场的代表进入焦点小组，来了解处于不同细分市场的人们对特定的想法会产生怎样的共鸣。

- **焦点小组人数不要超过 6 个**

要获得多人关于好几个主题的周密的讨论，可是相当花时间的。加进来的受访者越多，焦点小组所用的时间就越长。通常会议超过两个小时会使受访者感到疲劳。因此，把人数限制在 6 人以下有助于主持人在讨论气氛起来以后控制好讨论。

- **不要把研究计划当作脚本使用**

在焦点小组当中，使用正确的语调对于促进开放的讨论和想法的流动是非常重要的。当有新的发现时，主持人要灵活机变，不能照着访谈计划念。

- **善用搭档**

焦点小组是比较难主持的，主持人必须同时和不同的受访者交流，需要在自由时讨论和结构化研究之间保持微妙的平衡等。所以，加一个搭档会很有好处。搭档能帮助做笔录、计时，并且在会议有偏离主题的迹象时帮助拉回正轨。如果搭档注意到有个关键点是大家没提到的，也可以插话进来提问。但是，焦点小组必须只有一个人控制场面。

- **邀请委托方来观察焦点小组**

要想在报告中体现出多人之间复杂的交换是很难的，即使是用了录音或视频也帮助不大。对于焦点小组，把动态的意见交换作为关键的交付物是很普遍的。确保利益相关者获得信息的方式，是为了让他们观察焦点小组的进行。但是，注意不要让观察者干扰会议。主持人应该是会议唯一的控制者。

- **要鼓励受访者之间的交流**

为了让每个人都参与，在正式开始讨论预定主题之前，主持人先做自我介绍，主动说一些个人经历的信息，让受访者对主持人是个什么样的人大概心里有数。然后请大家做一轮自我介绍，仔细注意一下每个人说了什么。在每个人介绍完之后，紧跟着问一些深思熟虑的问题，显得你真正关心这个人是谁，并且重视他的贡献。从外向的人开始聊，树立一个交流的典范，然后再转向下一个可能健谈的人。通过转向，你向那些偏保守的受访者表明，他们的想法和观点对你来说同等重要。

- **不要失去对焦点小组的控制**

如果小组讨论势头太猛，可能会不由自主地偏离主题。为了避免这种情况发生，需要严格地控制会议，如果人们过于偏离主题并且花很多时间去回应，要坚决地对他们喊停。但记得说几句客气话，比如"我对你说的东西很感兴趣，不过时间有限，我得让大家回到讨论主题了"，受访者不会觉得被否定了，不会有被逼闭嘴的感觉。

同样，要花时间识别群体当中的控制者。控制者是对小组中那些有意或无意试图控制谈话并主导谈话的人的称谓。当焦点小组有一个或更多的控制者时，要试着让他们朝每个主题的终极目标来做回应。

- **把每个主题都讨论到，出现新想法时要回应**

当主持人讨论了每个主题，并且新想法涌现时，探究一下，了解它们的含义，是否可以从其他的角度看待。通常，当人们在头脑风暴会上引入一个点子时，它还没完全成形，所以很难有效地交流起来。通过询问深度的问题或了解其他受访者的反应，能对这个想法有更好的了解。

- **不要对每个给定的主题挖得太深**

焦点小组的目标是正确地形成问题框架，而不是获得关于每个问题的答案。在过程中，有可能发现有些问题没有预期的那么重要，而有的之前没想到的问题可能却是关键的方向性问题，比之前预想的重要得多。

最后，需要注意的是，焦点小组如果使用得当，确实能为设计心理学研究提供重要的价值。但是，一定要避免过度依赖其研究发现。用这种方法得到的发现通常不比其他更严格的研究手段来得可靠。

10.2.4 访谈法案例

以下案例的研究主题为上海交通大学硕士生课程作业《大学生第二外语学习情况的调查》，采用的调研方法为观察法和深度访谈法。观察法的提纲见 10.1.4，这里主要介绍这份提纲中的访谈法部分。

由于提纲里已经对线上学习和线下学习进行了观察。所以如果是独立的访谈法，也需要有一开始的介绍项目，通过介绍主持人可以进行热身，并对用户个人信息的询问，以此来与电访时信息的确认。

由于观察法已经了解了大量的用户行为，所以作为观察法后面的访谈部分，主要就是针对无法观察的方面通过交谈来获得数据。这里主要分成以下几个主题：

（1）了解产品使用的偏好

访谈：App 交互偏好（其他语言类、其他学习类）

（网课的学习形式偏好；听、说、读、写相关 App 交互偏好）

更倾向于视频、音频、文章阅读哪种形式的线上课程？在线上背单词、练听力、学语法等如何学习才更高效？

学习第一外语的时候使用过哪些 App？哪个产品的功能是你最常用的？你认为产品的哪部分功能最好用？

有没有使用过其他学习类 App？哪个产品的功能是你最常用的？你认为产品的哪部分功能最好用？

（2）了解不同情境下的比较

访谈：线上/线下对比

更喜欢线上/线下哪种学习方式？为什么？各自的优缺点是什么？

（3）其他多角度的辅助问题

其他多角度的辅助问题，可能是对 Who、What、Where、When、Why 和 How 的补充。比如与 Who 相关的“与其他人的交流”问题；与 What 相关的“学习监督”“学习反馈”问题；与 When 相关的“未来”问题等。

学习监督

在学习的过程中用什么办法监督自己？

学习交流

在学习中与他人有过哪些交流讨论？更倾向于自己单独学习还是和他人一起学习？

你认为哪些学习方法对你特别有效？

学习反馈

> 如何判断自己的学习成果如何？是否需要有人对你的学习效果给予反馈？喜欢什么样的反馈形式？

未来展望

> 觉得现在的学习方式是否合适自己？是否满意？想要有什么改进？未来还打算如何学习？

但是，有时候调研由于种种原因，无法进行观察。调研作为一种独立的数据采集手法，此时需要通过访谈来补全观察法以获得数据。以《大学生第二外语学习情况的调查》为例，可以以下面的方式来访谈：

1）你曾经学习过哪几种第二外语？

2）选取其中的一个（尽量选学习时间比较长，阶段比较完整的），请介绍一下那段经历。请将时间线尽量覆盖学习前、学习中、学习后三个阶段。并注意听取、挖掘故事的一些情境信息，如：

① 发生的时间、地点；

② 相关的人；

③ 相关的或使用到的产品、物品；

④ 学习过程中的交谈、金钱、物品流动等；

⑤ 学习过程中交换了哪些信息？与谁，或与什么产品？

⑥ 学习过程中使用了什么服务？

⑦ 有哪些痛点？有哪些爽点？

⑧ 学习这门语言的目的是什么？过程中有哪些改变？

3）请介绍其他经历特别是那些中断的经历与这段的差别在哪里？为什么？

10.3 实验法

10.3.1 实验法简介

实验法是数据收集方法的有效补充，提供设计可参考的依据。通常，实验法分为实验室实验法和自然实验法。实验室实验法是指在实验室内借助专门的实验设备，在严格控制实验条件的情况下进行的方法。自然实验法是在日常生活等自然条件下，有目的、有计划地创设和控制一定的条件来进行研究的一种方法。实验室实验法便于严格控制各种因素，测量较为精确，一般具有较高的信度，通常多用于研究心理过程和某些心理活动的生理机制等方面的问题，但对研究个性心理与其他较复杂的心理现场来说，这种方法有一定的局限性。自然实验法比较接近人的实际生活，易于实施，又兼有实验法和观察法的优点。

10.3.2 实验的基本要素

实验，是指通过人为地、系统地操作环境，导致某些行为发生变化，并对之进行观察、记录和解释的科学方法。[①]具体地说，实验一般有以下基本要素：

- **实验假设**

实验法不同于描述性的研究（如观察法和访谈法等），它的特点就在于能够对因果关系进行真正意义上的确定，能够对各种可能的因果关系进行检验，并做出选择。所

---

① 索尔索，麦克林. 实验心理学[M]. 北京：中国人民大学出版社，2009.

以，实验法首先需要一个或几个有待检验的假设。假设是指用来说明某种现象的未经证实的论题，比如"人们对环境的熟悉度会影响人们逃生的成功率"是一个假设。

- **实验变量**

在实验法中，各种需要控制和测量的因素或条件都是变量。变量是指在数量上或质量上可变的事物的属性。

在实验中主要涉及三种变量：自变量、因变量和控制变量。变量是实验的核心，三者相辅相成，缺一不可。实验假设的拆解落地，即确定自变量，观察因变量，排除控制变量的干扰。例如，在研究灯光亮度对阅读速度的影响时，实验者所操控的灯光亮度就是自变量，阅读速度是因变量，而阅读内容、字体大小、阅读环境、被试者对内容的熟悉程度等即会影响实验结果的干扰变量，需加以控制。

自变量的种类很多，大致可以分为以下三类：

一类是任务。任务（Task，或称作业）是指实验中要求被试者做出特定反应的某种呈现刺激，例如字母串、按钮图标等。如果把这些任务的任何特性作为自变量来操纵，则这种自变量即任务变量。

一类是环境。当实验呈现某种任务时，如果改变实验环境的任何特性，则改变的环境特征即环境自变量。例如，我们改变了实验室内的亮度和噪音，或者改变了呈现刺激的时间间隔等。

一类是被试者。人的特性因素如年龄、性别、健康状况、智力、教育水平、态度等都可能影响被试者对某种刺激的反应。这些因素统称为被试者变量。有的被试者变量可以主动操纵并加以改变，例如态度、内驱力。有的则无法在短期内进行改变，例如教育水平、智力等。实验时需要充分考虑被试者的变量。[①]

| 10.3.3 实验信度与效度

信度与效度不仅是实验研究成败的关键，也是评价实验是否可靠有效的重要指标。实验信度是实验结果的可靠性和前后一致性程度。例如，一个实验重复多次，得到的结果都相同，说明该实验的信度很高。实验效度是实验结果的准确性和有效性程度，即实验方法能达到实验目的的程度。例如，一份智力测验，其得分能够较好地预测被试者的学业水平，那这份测试量表的效度就不错。与信度相比，效度是一个更难衡量

---

① 杨治良. 实验心理学[M]. 杭州：浙江教育出版社，2002.

和达到的标准，它分为内部效度和外部效度，受多种因素的影响。

- **影响内部效度的因素**

实验研究的内部效度是指实验变量能被精确估计的程度。影响内部效度的因素有：①历史（经历）造成的变化；②成熟或自然发展的影响；③被试选择的偏性不相等；④实验程序不一致；⑤被试的亡失；⑥统计回归后，使实验者对实验变量的效果产生误解。

- **影响外部效度的因素**

实验研究的外部效度是指实验研究的结果能被概括到实验情景条件以外的程度。影响外部效度的因素有实验环境的人为性、被试者样本缺乏代表性、测量工具的局限。

实验的内部效度和外部效度是相互关联、相互影响的。这两种效度的相对重要性主要取决于实验的目的和实验的要求。一般来说，在实验中控制额外变量的程度越大，则对因果关系的测量就越有效。因此，可以在保证实验内部效度的前提下，采取适当措施以提高外部效度。[①]

10.3.4　实验法的基本流程

实验心理学研究通常要遵循这样的基本程序：确定课题、选择被试、实验控制、数据整合和分析、撰写实验报告。[②]

- **确定课题**

进行设计研究必须先确定其课题，其过程包括选择课题、确定实验类型、提出假设三个步骤。选择课题就是根据各方面需要提出所要研究的问题；确定实验类型就是明确所要研究的问题属于何种类型，是定性实验还是定量实验；提出假设就是将问题变为可以检验的假设，以便于进一步转变为可操作的实验。

- **选择被试**

被试应具备哪些条件特征、用哪一种取样方法才能使被试样本代表总体等。这些问题的解决主要取决于两个因素：课题的性质及研究结果的概括程度。

课题的性质可以指导实验被试选择人类还是非人类；实验研究结果所要求的概括

---

① 杨治良. 实验心理学[M]. 杭州：浙江教育出版社，2002.
② 郭秀艳. 实验心理学[M]. 北京：人民教育出版社，2004.

程度可以指导被试选择如何取样的问题；选定什么样的被试样本，要根据研究的问题和据此而推论的全体而定。

- **实验控制**

控制是实验的精髓，而实验控制到何种程度是实验设计的难点。研究者需要做到从课题确立阶段开始准备资料，确定最可能影响实验的那一部分变量，并对其进行控制。

- **数据整合和分析**

实验的目的就是在控制条件下进行的观察，观察的结果被系统记录下来，也就形成通常意义上的数据或资料。实验研究所能收集的资料大致分为计数资料、计量资料、等级资料、描述性资料四类。

- **撰写实验报告**

实验报告的撰写是对整个实验的总结，完整的实验报告包括标题、摘要、引言、方法、结果、讨论、结论、参考文献、附录。

| 10.3.5 设计研究的实验报告举例

实验报告是实验中的最后一个重要环节，也是对实验数据的整理和总结。实验报告应做到使专业领域的同行可以据此重复研究者的工作，以保证必要情况下研究结论能够得到科学的反复检验。

在设计领域，由于研究经常围绕自然情境下人的心理和行为变化展开，故自然实验法的使用更为普遍，结果与真实生活或工作情境也更为接近，具有较好的推论性。本节中将以自然实验法为例，结合观察法与访谈法，详细说明研究的设计和实操过程。

- **自然实验法——模拟实验法实验报告**

此处列举的课题为"突发灾难下的民众逃生自救研究"，由于研究对象不允许或不可能进行直接实验，此次采用模拟实验法，深入了解民众如何在不熟悉建筑环境时进行逃生自救。

（1）引言

实验名称：商业建筑民众逃生自救的现场模拟实验。

实验假设：了解被试者在不熟悉环境时如何选择逃生路线，在逃生过程中哪些因素影响了他们的逃生决策。

实验地点：上海市商业建筑港汇广场。港汇广场整个购物中心包括地下一层、地上六层，建筑属于购物广场，过道很宽，店铺为单间式结构，看似容易逃生。其安全出口多，但是安全出口内部环境复杂，光线暗，平时使用少。主要购物人群为 20～40 岁的时尚人群，其中女性占大部分，多数购物者选择地毯式的浏览购物方式，购物时没有明确目标。

背景介绍：对于没有亲身经历灾难事件的大多数研究者而言，较为缺乏真实环境中逃生自救情况的直接感受。研究人员在港汇广场进行了突发灾难下民众逃生自救的现场模拟实验。实验包括单人实验和多人实验，分两次进行。单人实验选取的实验地点为港汇广场购物区二楼，多人实验地点为港汇广场购物区三楼。从中可以看出建筑结构几乎相同，由于二楼和外界环境联通，在中庭附近多出一块可以逃离建筑的安全出口区域。

实验目标：

单人实验目标：在告知不能使用电梯（电动扶梯）的情况下，让被试者尽快走出大楼，观察其在途中的道路选择、注视目标等。观察在不同逃生时间被试者表现出的心理状态和生理状态。通过观察、访谈及后期的资料整理，寻找普遍规律，为目标课题提供资料。

多人实验目标：基于第一次在港汇实验的基础，观察多个被试者一起逃生时每个被试者表现出的不同状态，以及不同被试者之间的相互影响。同样告知被试者不能使用电梯，观察每个被试者在安全出口逃生时可以反映出的建筑设施问题。被试者在不了解地形与课题的情况下反映出的选择依据，可以进一步强化第一次单人实验的结论。

（2）方法

被试选择：选择不太熟悉的地方作为实验场所，选择不了解实验课题，但明确实验最终目的和基本流程的被试者。人数要求至少 3 人（最好为不同年龄阶段的人）。

实验器材：

摄像机：回访的时候录像。

照相机：拍摄实地场景，特别是回访的时候，以及每个被试决策点的环境。

录音笔：访谈时录音，方便后期整理。

手表：记录逃生时间。

MP3：用于实验开始前给被试者听一些音乐，增加被试者的压力，尽量模拟真实、紧张的情况。

眼罩：如果可能，先帮被试者蒙上眼睛，再将其带到实验开始地点。

纸币卡片：简要描绘逃跑路线，记录访谈或记录当时被试者的想法。

实验过程：

现场模拟实验要求被试者从指定实验出发点逃出，期间不能使用电梯。被试者的选定一般为不熟悉地形且没有逃生经验的普通民众。为了尽可能达到实验效果的真实性，实验过程主要从生理和声音刺激方面模拟灾难中民众的体力及所处环境。实验前，被试者在蒙着眼睛的情况下，原地做高抬腿热身运动和原地转圈运动，以确保被试者最佳的生理和心理状态。实验开始前，被试者需戴上耳机，热闹的音乐声和嘈杂的吵闹声将伴随被试者实验的全过程。在实验过程中，研究人员需要催促被试者在紧急的状态下尽快逃离建筑，还需观察被试者在路途中是否关注指引逃生的内容。通过实验结束后的现场回访，重新要求被试者按之前的逃生路线走一次，研究人员需要深入访问被试者选择路线的依据，了解这个过程中被试者的心理变化，提取现有建筑空间安全设计的不足点，并为建筑空间的设计改进提供依据。

（3）实验结果

以多人实验为例，记录实验结果，如表 10-2 所示。多人实验中被试者逃生自救路线如图 10-2 所示。

表 10-2　多人实验表格

多人实验		
被试 A	被试 B	被试 C
性别	女	女	男
年龄	22	21	21
花费时间	3 分 10 秒	8 分 10 秒	30 分（失败）
测试地点	港汇商场三楼的一家店面内		
路线摘要	被试 A 和被试 B 依据逃生出口沿着楼梯往下走，走到一楼看到安全门，但是安全门锁住了，开门失败，于是返回二楼和被试 B 分开。进入商场后，被试 A 继续沿着左边走，找到另一个逃生出口，顺着楼梯走下去，最终成功逃离	被试 B 和被试 A 尝试开门后失败，返回二楼途中和被试 B 分开，选择了另外的方向，途中继续根据经验逃生，但是发现门锁上了，再次返回，在购物广场内尝试寻找扶梯未果，最后按照指示牌走入两个逃生口，并成功从第二个逃生口逃离（在经过每个逃生口时速度明显减慢）	被试 C 刚进入安全疏散楼梯后和被试 A、被试 B 相遇，往下走一层后，被试 A、被试 B 从安全门出去。但被试 C 意识到还在二楼，独自径直往下走，中途被试 C 发现下面气味难闻，然后返回二楼安全出口。此时遇见被试 A、被试 B 再次进入这个安全出口，所以被试 C 又再次跟着被试 A、被试 B 走下楼梯，但打不开安全门，于是又返回二楼安全楼梯进入商场。 然后被试 C 继续往商场其他安全出口走，途中下意识地试着打开一些门，在看到第一道安全门后有左、右两条路时，下意识选择灯光较亮的那条路，但都不通。被试 C 再次回到商场内，最终穿过大半个商场，从中央电梯旁边的楼梯到达大厅出口

续表

路线 选择依据	安全出口标识	相信同伴，安全出 口标识	安全出口标识，光亮的的地方

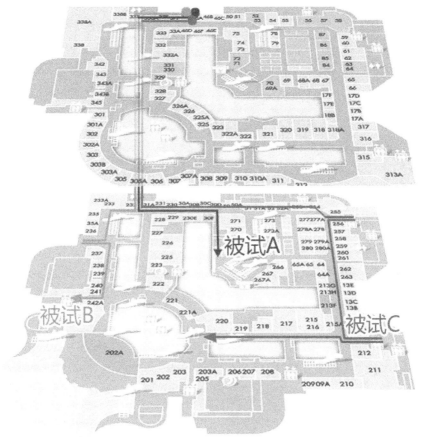

图 10-2　多人实验中被试者逃生自救路线

（4）讨论发现的问题及解决方式设想

针对模拟实验发现的问题，通过汇总与提炼实验中观察到的现象和访问被试者的记录，形成了如下解决方式设想：

1）刺鼻的气味促使民众逃离现场。

实验描述：被试者往下走，闻到一股刺鼻的气味。虽然被试者知道选择下楼是一个正确的方法，但随着气味加重，被试者还是折返，选择上楼。（港汇广场单人实验）

解决方式设想：在安全通道及逃生出口等设置比较明亮的绿色灯光，给予逃生者安全逃生的心理暗示和信心，并且让逃生者选择正确的道路。气味则可以对逃生民众起到警示作用，即使看不清楚前方的路，但刺鼻的气味可以让他们避开一些死路或危险区域。

2）过于复杂的安全出口。

实验描述：可以看出安全出口内岔路和门很多，但是被试 B 没有像上次一样见门就开，可以看出他的体力明显下降，步伐变慢了。（港汇广场多人实验）

解决方式设想：设计者可以考虑减少门的数量，或者更换其他材质的门，方便逃生民众看到门内状况，避免走弯路或者产生绝望心理。考虑到一些转弯处可能无法避免，可以在转弯处放置镜子，帮助人们观察情况，减少恐惧心理。

3）消火栓被当成逃生工具。

采访者：请问你为什么想打开消火栓？被试者：因为觉得使用消火栓可以像消防员一样逃生。（港汇广场单人实验）

解决方式设想：逃生工具在灾难发生时起到的作用有限，消火栓虽然小，但是也可以成为一种逃生工具。

4）希望在 T 字路口正对的墙上看到指示标识。

被试者：我过来的时候是想在这里找一些标识的，结果没有找到，然后我往两边看。采访者：你希望在过道正前面的墙上看到标识，是吗？你没有看到，所以就往下面看了，如图 10-3。（港汇广场多人实验）

5）沟通交流缓解紧张气氛。

实验描述：本来一些被试者已经放弃从楼梯走下去，但是因为其他返回的被试者往下走，所以一些被试者还是会抱着"或许能走出去"的心态跟着下去。虽然被试者之间有几次相遇，但都未交流，最终选择了一条自己认为正确的路。（港汇广场单人实验）

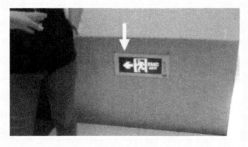

图 10-3 忽视"安全出口"标识的箭头方向（左），希望在 T 字路口显示指示标识（右）

　　解决方式设想：实验发现被试者之间在心理上会相互影响，被试者之间的沟通和交流既是一种自我情绪宣泄的方式，也能帮助其他逃生者少走弯路，尽快逃生。我们希望能够培养民众危急时刻的信息沟通意识，并从客观上提供一种信息沟通交流工具。

　　实验法比观察法和访谈法更能提供确切的、令人信服的证据来解释各种心理现象和行为背后的因果关系。但实验过程中引入其他收集数据的方法（如访谈法）将更能丰富实验结果数据。例如，在实验过程中，实验者对被试者的行为可能有一些疑惑，想了解被试者行为背后的动机。因此，在完成实验后，实验者可以询问被试者实验过程中遇到的问题。总之，各种收集数据的方法有各自最佳的适用条件，研究者要合理利用，以最终的课题研究为重点和核心，应用到设计心理学研究中。

10.4 问卷法

| 10.4.1 问卷法简介

在设计心理学研究中，还经常用到问卷法这一基础的调研分析方法。问卷法是一种以自填问卷作为工具，从一个来自总体的样本中系统地、直接地收集资料，并对资料进行统计和分析，以实现研究目的的一种研究方法。[①]

问卷法因其高效性、便利性、客观性及可计量性，是国内外各领域调查中应用比较广泛的一种调研方法。其常常应用于定量调查，或作为验证手段与定性调查相结合。

- **问卷法的概念**

问卷法是通过严格设计的书面调研表收集心理学变量数据的一种研究方法。[②]

对于设计心理学研究来说，问卷法可以有针对性地收集需要研究、分析的信息资料，并可以进行定量分析，以获取数据。一项具有创新意义的设计产生，没有可比性的可供参照物，一些全新的乃至颠覆性的创意设想，常常需要挖掘和发现目标用户潜在的未被充分满足的需求。这就需要设计师通过对目标用户在生活、工作、休闲娱乐等各方面的了解，进行有目的、映射性的问卷设计来研究分析，从中推理发现用户的需要、市场盲点与机会点。在产品优化改良方面，问卷法也是设计师常用的方法。通

① 陈利达，李素敏. 问卷调查法在教育研究中应用的关键：问卷编制[J]. 浙江教育科学，2017（04）：23-26.
② 莫雷，王瑞明，温红博，陶德清. 心理学实用研究方法[M]. 广州：广东高等教育出版社，2007.

过对用户关于现有产品的查询研究，设计师不仅可以找到用户的满意或不满意之处及原因所在，还可以发现关于目标用户认知方面的正误信息，以及不同数量层次的购买决策动因。

- **问卷法的适用要求**

问卷法也存在局限性。由于其常采用书面的形式，需要被试对象必须能够看懂和了解问卷的真实内容，只适用于具有一定文化阅读和理解水平的被试对象；问卷法还会因为被试对象在心理和思想上对问卷产生的各种不良反应所形成的障碍，如篇幅太长、题目太多、难度太大、涉及个人隐私等，不同程度地影响问卷法调研的质量。因此，问卷法具有如下适用性（见表 10-3）。

表 10-3 问卷法的适用性

适用被试样本	适用被试内容
调研时限	适用于、对当前问题的调研
调研内容	适用了解消费者的动机、态度、个性和消费观念等
样本质量	适用较大规模、成分单一的被试人群
调研过程	适用较短时期的调研
被试对象地域性	更适合大中型城市，不太适合中小城镇和乡村
被试对象文化程度	适用初中以上文化程度的被试对象
调研性质	更适合定量研究，不适合全面的定性研究，通常作为定性研究中的一个组成部分

10.4.2 问卷法的基本步骤

作为收集用户资料的常用方式，问卷法受到诸多设计师的青睐，用于定量验证设计师的前期调研或者设计设想。为了更直观地呈现问卷设计的全流程，以《大学生第二外语学习情况调查问卷》为例，详细阐述其问卷设计流程，问卷法的基本步骤如图 10-4 所示。

图 10-4 问卷法的基本步骤

- **明确调研目的并列出问卷提纲**

对于设计师来说，常常将问卷法用于用户基本数据收集、用户行为收集、用户态度收集、用户分群验证等；在设计问卷前设计师需要首先明确调研目的，并制定相应的问卷提纲。

例如，在《大学生第二外语学习情况调查问卷》的设计中，主要的调研目的为鉴别用户基本信息、收集用户的第二外语学习行为并验证设计因子、收集用户第二外语学习态度并验证用户分群。因此，基于以上调研目的并通过对目标用户的前期调研，可制订以下问卷提纲（见表10-4）。

表 10-4　大学生第二外语学习情况调查问卷提纲

一级因素	二级因素	问题设置	设计因子
基本信息	性别	您的性别	/
	年级	您的年龄	/
	一外	第一外语	/
	二外	第二外语	/
学习情况	学习目的	学习第二外语的目的	/
	学习水平	学习程度	/
	学习方式	通过语言考试	模式化学习
		有人监督	模式化学习
		了解文化	个性化学习
		与第二外语母语使用者交流	个性化学习
		搭伴学习	群体学习
		通过看影视剧等方式趣味学习	个性化学习
		看新闻/听广播	个性化学习
		有明确的学习计划	模式化学习
学习态度	个性化学习	用自己的方法学习	个性化学习
	模式化学习	通过传统线下课堂学习	模式化学习
	个体学习	喜欢一个人学习	个体学习
	群体学习	喜欢和小伙伴一起学习	群体学习

- **编制问卷内容**

在制订完问卷提纲后，需要根据提纲内容编制问卷内容。问卷的结构通常由标题、导语、主体、编码、致谢及作业记录六部分构成。

（1）标题

标题是调查内容的高度概括，它既要与调查研究内容一致，又要注意对被调查者的影响。标题要简明扼要，能够让被调查者快速明白调查的目的和意义，如新品测试调研、消费者满意度调研、新产品开发调研等。

（2）导语

导语又称为封面信，一般包括调查的内容、目的、意义、关于匿名与隐私保证以消除被试对象顾虑、被试对象回答问题的要求、调研发起者和组织执行者名称、最迟回收时间、对被试对象予以合作的感谢或酬谢说明。

（3）主体

问卷主体即问卷问题，包含开放式问题、封闭式问题及量表式问题。开放式问题就是不为被调查者提供答案选项，让其自由答题，这类问题能更灵活地收集被调查者的态度、意见，但对于答案的统计和处理较为困难。封闭式问题就是为被调查者提供有限的答案选项，让其进行选择，这类问题便于后续的统计分析，但收集的答案范围较为有限。量表式问题是将态度意见类问题设计成一组有限个、前后对称的程度式答案供以选择，该类问题的答案按顺序排列，在统计时可以转化成数字，便于后续进行高级统计分析。

在设置问题时有如下注意事项：

- 每一类型的题目，应该从研究假设或研究目的出发，必须符合调查的要求，以及被试对象的文化与理解水平。应设法避免语意不清的概念和措词，以及社会禁忌等。为了让更多的目标用户填写问卷且减少无效问卷，可在问卷起始设置用户筛选题项。

例如，在《大学生第二外语学习情况调查问卷》设计中，第一题可以为用户筛选题，确保填写问卷的用户为调研的目标用户。如图 10-5 所示。

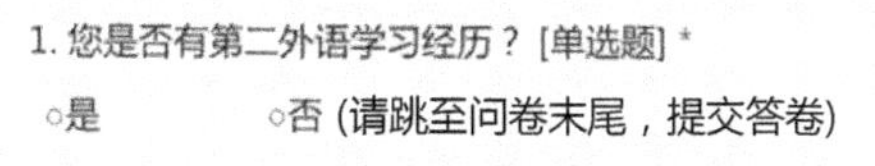

1. 您是否有第二外语学习经历？ [单选题] *
　○是　　　　　○否 (请跳至问卷末尾，提交答卷)

图 10-5　用户筛选题案例

- 用户信息或行为收集题是常见的问题类型，常用于收集用户的个人信息或者行为偏好。此类题型在提问时文字应通俗易懂，避免使用模糊的、专业性很强的术语及行话；题干需明确，每一个题目包含一个问题，短且简单的题目比长而复杂的题目好；最后尽量避免直接问敏感性或者威胁性的问题。

答案的设计首先要考虑的是答案与问题内容含义吻合、匹配。其次，答案应该简单易懂，答案之间不存在互相交叉重叠或包含，需要符合穷尽性和排他性。同时，答案应该包括所有可能的情况，不应有遗漏。答案的类型通常为封闭式答案，少数为半封闭式答案，个别为开放式答案。

例如，在《大学生第二外语学习情况调查问卷》设计中，设置封闭及半封闭式问题来收集用户的学习行为。如图 10-6 所示。

7. 您目前的学习程度最接近以下哪项描述？ [单选题] *

○理解该语言的基本词汇或简单问候语

○进行一般性日常会话或阅读小短文

○基本理解无字幕影视剧或与当地人流畅交流

8. 您学习第二外语的方式？ [多选题] *

□线下上课　　□线上网校

□通过语言学习 App 或软件　　□买辅导资料自学

□通过影视剧/歌曲/新闻等　　□与第二外语母语使用者交流

□其他 ______________

图 10-6　用户行为收集题案例

- 用户态度收集问题常用于判断用户的人群画像，此类问题提问用语主题明确，要避免和防止可能带有诱导性的调研者倾向性的暗示；文字、语气要尊重被试对象，尽可能用中性的词语，避免用否定性的、含有贬义的词句；由于用户态度难以用文字描述，因此常使用量表型题。此类题型的答案常具备程度意义，按顺序前后对称排列。

例如，在《大学生第二外语学习情况调查问卷》设计中，采用量表型问题了解收集用户的学习态度，如图 10-7 所示。

9. 对于以下两组学习方式，您更赞同：[矩阵量表题]*

选 A 代表非常赞同左侧的观点，

选 B 代表赞同左侧的观点，

选 C 代表不确定，

选 D 代表赞同右侧的观点，

选 E 代表非常赞同右侧的观点

	A	B	C	D	E	
喜欢一个人学习	○	○	○	○	○	喜欢和小伙伴一起学习
要通过传统线下课堂学习	○	○	○	○	○	用自己方法来学习

图 10-7　用户态度收集题案例

- 回答问卷时间不宜过长，问卷中的题目按照先易后难、先简后繁、先具体后抽象，相同形式和相近似主题的问题放在一起，开放式问题及涉及用户隐私的敏感问题放在最后。

例如，在《大学生第二外语学习情况调查问卷》设计中，为了降低用户的防备心理，将涉及隐私的问题设置为最后一题，如图 10-8 所示。

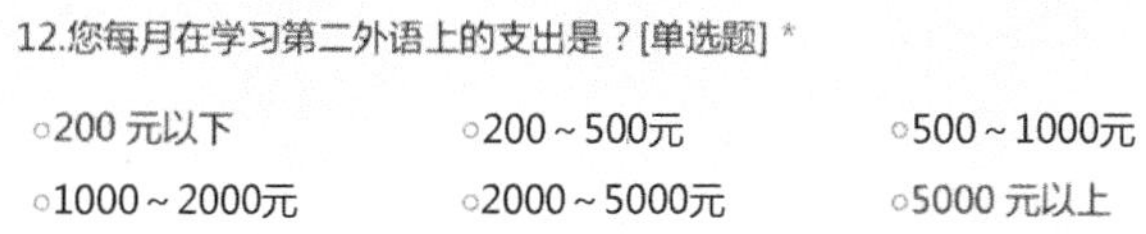

12.您每月在学习第二外语上的支出是？[单选题] *

- 200 元以下　　　　　- 200～500元　　　　　- 500～1000元
- 1000～2000元　　　　- 2000～5000元　　　　- 5000 元以上

图 10-8　用户隐私题案例

（3）编码

编码是给每个问题及其答案编上数字，便于计算机的汇总、分类和统计。

（4）致谢

问卷的致谢是在问卷的末端写明感谢的话语，以表示对被调查者的谢意。

（5）作业记录

作业记录即被调查者根据实际需要进行问卷标记，形式较为灵活。

- **问卷的试测与修改**

设计好问卷初稿必须经过试用和修改这两个环节，才能用于正式调研。一般可以抽取正式调研总样本量的 10%左右，进行试探性调研。通过问卷的试测，能够以较低的成本找到问卷中的问题并进行修正。最终保证问卷问题的准确、清晰且易于理解；回收的数据有效、准确且易于分析。

此外，为了解问题是否全面、清楚、问卷的内容和形式是否正确、填答是否完整、是否能满足调研的要求、问卷的编码、录入、汇总过程是否准确等，可将问卷初稿（一般 3～10 份）分别送给有关专家、研究人员及典型的被调查者，请他们检查和分析问卷初稿，并根据他们的经验和认识对问卷进行评价，提出存在的问题和修改意见。然后根据试用情况或有关专家、研究人员提出的修改意见，对问卷进行修订完稿。

- **问卷的发放与回收**

问卷的发放可根据问卷形式的不同采取相应的发放方式，总体来说，问卷的发放必须以有利于提高问卷的填答质量和回收率为准则，也可以委托其他人发放。

- **问卷结果分析**

问卷的结果分析常用到定性与定量相结合的方式。定性分析是一种探索性的分析方法，核心目的是对问卷结果进行深入的分析和理解，常利用专家意见、小组讨论等方法，能充分发挥调查人员的经验和判断，但对分析人员专业能力要求较高。定量分析常用于统计数量特征，不仅可以进行简单的描述性统计，也可以借助工具型软件完成复杂的数据分析，如相关性分析、聚类分析等。

10.4.3 问卷分析的基本方法

收集到问卷数据后，根据研究需要有针对性地进行问卷分析，以得出结论，其中数据分析常使用 SPSS 等数据处理应用软件来帮助完成。依旧以《大学生第二外语学习情况调查问卷》为例，详细阐述问卷分析基本方法。

- **信度分析**

信度是指可靠性，当同样的测试对同一对象多次测试得到相同的结果时，可以认为测试结果可信。信度越高，表示测试结果越可靠。检验信度常用的方法主要有重复检验法、复本信度法、α信度系数法。

（1）重复检验法

利用同一份问卷对同一组被调查者间隔一定时间进行两次测量，间隔时间通常在 2~4 周。分析两次测试的结果，相关性越高则信度就越高。

（2）复本信度法

让同一组被调查者一次性填写两份等价问卷复本，分析两个问卷复本的测试结果，相关性越高则信度就越高。

（3）α信度系数法

Cronbach α 信度系数是常用的信度系数，但仅可用于量表式问题的分析。对于量表题来说，可通过计算其 Cronbach α 信度系数来评估信度，α 值越高则信度越高，如果 α 值低于 0.6，则需要考虑重新设计量表。例如在《大学生第二外语学习情况调查问卷》中，对其中的量表题采用 α 信度系数法进行计算，得出其 α 值为 0.8，因此信度较高，问卷结论可靠。

- **效度分析**

效度是指有效性，是指问卷准确测量出调查者目标变量的程度。效度越高，表示测试结果越接近所要调查的目标变量真值。问卷效度主要包括内容效度、结构效度、校标效度。

（1）内容效度

内容效度是指问卷的内容是否能够测量所需要的目标变量，常常用专家评判法或经验推断法等进行评估。

（2）结构效度

结构效度是指测量结果所包含的内部特征与研究者假设的匹配度，常常用因子分析来探索评价量表式问题。可通过计算 KMO 值来判断量表的结构效度，KMO 值越高则效度越高，如果 KMO 值低于 0.6，则需要考虑重新设计量表。

（3）校标效度

校标是指衡量目标对象有效性的参考标准。为了实际定义研究的研究对象，需要确定一个可衡量的标准，并将测试结果与之对照，分析问卷结果与该标准的联系。

例如在《大学生第二外语学习情况调查问卷》中，对其中的量表题的结构效度进行计算，得出其 KMO 值为 0.76，因此量表的结构效度较高，可通过因子分析来探究量表结果的内部特征。

- **描述性统计分析**

描述性统计分析常用于研究问卷数据的基础分布情况，常统计的数据类型有频数、最大值、最小值、平均值、中位数等。统计结果也可采用条形图、折线图、饼图等来表达，使得问卷结果一目了然。

例如在《大学生第二外语学习情况调查问卷》中，对问题"6. 您学习第二外语的目的是？"进行百分比频数统计，并采用条形图的形式表达得到的结论（见图 10-9），可以清晰地看出当代学生学习第二外语的主要目的。

- **因子分析**

因子分析本质是对于量表型问题，常通过降维的方式提取量表中的公因子，而提取的公因子可最大限度地反映出量表的内部特征。对于设计师来说，可以验证前期调研中的设计因子是否与量表的内部公因子一致。在提取量表因子时可参考碎石图（见图 10-10）中特征值大于 1 的成分数量，即合适的公因子数量。

例如在《大学生第二外语学习情况调查问卷》中，对量表题进行因子分析。

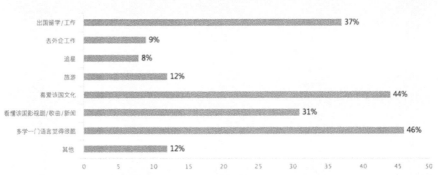

图 10-9 描述性统计案例

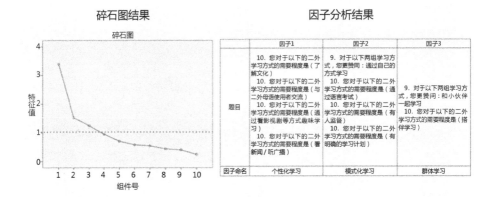

图 10-10 因子分析案例

通过碎石图可知，特征值大于 1 的成分有 3 个，因此提取的因子数量选择 3 个是较为合适的。根据因子分析结果可以看到每个因子所对应的题目，由题目所表达的内容可以将提取的共性因子进行人为命名，并可将提取的因子名称与原先设定的设计因子进行对照完成验证。

• 聚类分析

聚类分析常用于探索或验证用户分群，其可以将样本或变量根据其内部特征进行分类，使得每一类样本或变量中的个体相似性较大。常用的聚类方式有 K-Means 聚类及系统聚类。

例如在《大学生第二外语学习情况调查问卷》中，对量表题进行 K-Means 聚类分析，选取在前期调研中提取的因子进行聚类，即可得到每一类人群中的样本数量及特征，可用于验证前期调研中用户分群的结果。如图 10-11 所示，第一类用户即表示有28%的用户在第二外语学习过程中较为注重的因素是个性化。

最终聚类中心				
用户聚类	第一类	第二类	第三类	第四类
个性因子	0.58866	0.41643	0.00953	-1.4446
群体因子	-0.64263	0.84403	-1.85592	0.04069
个案数目	28	40	9	23

图 10-11　聚类分析案例

- **相关性分析**

相关性分析常用于分析判断两个或者多个变量之间的统计学关联性，在设计调研中常需要判断用户的行为或态度是否有相关性，可以借助相关性分析来进行定量分析。量表题常用的相关性分析方法为 Pearson 相关，当 P 值小于 0.05 时，表明变量之间有显著相关性。此外，常用的相关性分析方法还有卡方检验、Spearman相关等。

例如，在《大学生第二外语学习情况调查问卷》中，对量表中的题"学习第二外语的目的为追星"及"学习第二外语的方法为通过看影视剧等方式趣味学习"进行Pearson 相关分析，得出 P 值小于 0.01，且相关系数为正。由此可知，追星的大学生通过看影视剧的方式进行第二外语学习。

10.5 可用性评估

伟大设计的关键是创造性的洞察力，但这还不够。深思熟虑和技巧性的可用性评估也是非常重要的，这能让设计师、用户及使用者通过用户的眼睛看到自己设计的产品，评估他们的工作，使设计变得更好。在本章节中，我们将讨论可用性研究背后的理论，介绍可应用于产品和服务的可用性评价方法。我们主要聚焦于策划、执行和分析可用性评估。

10.5.1 可用性简介

可用性是交互式产品或系统的重要质量指标，指的是产品对用户来说有效、易学、高效、好记、少错和令人满意的程度。用户能否用产品完成他的任务，效率如何，主观感受怎样，实际上是从用户角度看到产品的质量，是产品竞争力的核心。

ISO 9241-11 国际标准对可用性做了定义：产品在特定使用环境下为特定用户用于特定用途时所具有的有效性、效率和用户主观满意度。有效性是指用户在完成特定任务和达到特定目标时所具有的正确和完整程度；效率是指用户完成任务的正确和完整程度与所使用资源（如时间）之间的比率；用户主观满意度是指用户在使用产品过程中所感受到的主观满意程度和接受程度。

可用性意味着聚焦用户和使用者，用户和使用者高效地使用产品，用户和使用者希望快速完成任务，用户和使用者希望产品好用。

Whitney Quesenbery 提出了可用性 5Es 模型，如图 10-12 所示。

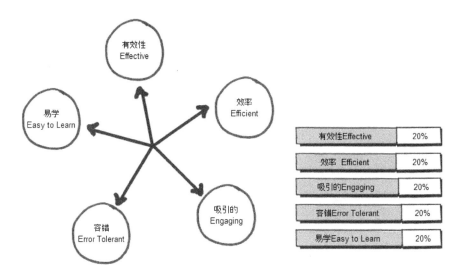

图 10-12　可用性 5Es 模型

人们对产品可用性质量的重视促进了可用性工程这一概念的出现，并相应形成了一个在学术界和工业界均十分热门的领域。可用性工程泛指以提高和评价产品可用性质量为目的的一系列过程、方法、技术和标准。为了在工业界得到普遍应用，国际标准组织 ISO 已经并正在制订有关的国际标准，如 ISO9214、ISO13407 等。

10.5.2　可用性研究方法

在以用户为中心的设计过程中有多种可用性研究方法，适用于产品开发和设计的各个步骤（粗略地分为分析、设计和测试三个阶段）。可用性研究方法可以帮助提高产品或软界面的可用性，可用性研究方法和适用阶段如表 10-5 所示。

表 10-5　可用性研究方法和适用阶段

方法/阶段	分析	设计	测试
卡片分类法（Card Sorting）	★	★	★
访谈法（Contextual Interviews）	★		
焦点小组法（Focus Groups）	★	★	★
深访法（In-depth Interviews）	★	★	★
原型法（Prototyping）		★	★
（在线）调查（Surveys）	★	★	★
任务分析法（Task Analysis）	★		

续表

方法/阶段	分析	设计	测试
可用性评估法（Usability Testing）	★	★	★
启发式评估（Heuristic Evaluation）	★		★
认知走查法（Cognitive Walkthrough）	★		★

- **可用性评估**

1993 年 Jakob Nielsen 将可用性评估定义为一项通过用户的使用来评估产品的技术，由于它反应了用户的真实使用经验，所以可以视为一种不可或缺的可用性检验过程。

可用性评估的内容包括但不仅限于以下内容：

- 用户和使用者可以在多大程度上对产品形成一个清晰的认识？（软界面和物理产品）

- 用户和使用者如何感知和理解导航系统和菜单？（软界面）

- 用户和使用者能准确地识别可使用的信息和功能吗？（软界面和物理产品）

- 在交互的过程中用户和使用者是如何期待产品相关信息的？（软界面和物理产品）

- 指示、错误信息和标签有效吗？（软界面）

- 用户和使用者处理显示的信息是否容易？（软界面和物理产品）

- 完成一个任务的容易程度。（软界面和物理产品）

- 产品的形态、大小、重量是否符合常用习惯？（物理产品）

- 在使用环境中材料是否合适？

- 用户和使用者是否能容易地操作控制装置和开关等？

- 产品如何支持用户和使用者人体工学的需求？

- 产品是如何适应使用环境的？

……

可用性评估分类

Scriven 把可用性评估分类两类：结构性评估和总结性评估。结构性评估一般在产品开发的过程中进行，提供给设计团队哪些是可用的，哪些是需要改进的反馈信息。总结性评估一般在产品开发到一定阶段的时候，主要的目标是显示产品（可用性）在开发过程中进步了多少。结构性评估和总结性评估的比较如表 10-6 所示。

表 10-6　结构性评估和总结性评估的比较

	结构性评估	总结性评估
定义和目的	又称诊断或探索性测试，测试产品的用户代表和典型任务，测试目的是指导未来的迭代的改善	产品的用户代表和典型任务的操作性测试，目的是测量产品的整体可用性
收集的数据	行为和认知数据，例如： • 用户的动作； • 用户的期望； • 用户的解释； • 设计中的错误的来源等	测量一些指标，例如： • 完成任务的时间； • 任务完成率； • 错误率等
什么时候使用	结构性评估总是能提供改进和改善产品的有价值的信息，特别是在迭代设计时	一般在产品完成后使用

- **可用性评估流程**

可用性评估的流程如下。

（1）测试的用户数量

目前，关于测试的用户数量有两种观点，一是 Jakob Nielsen 的 5 个用户观点，另一种是 Laura Faulkner 的 15 个用户观点。Nielsen 和 Landauer 提出在可承受的测试成本范围内，使用不超过 5 个用户，即可达到很好的测试效果。他们提出了测试人员数量的公式：

$$\text{ProblemsFound}(n) = N(1 - (1 - L)^n)$$

假设一个可用性测试的测试用户数量为 n，N 为所有可用性测试发现的问题总数，L 是单个测试用户的问题发现率。发现的可用性问题和测试用户数量的关系如图 10-13 所示。

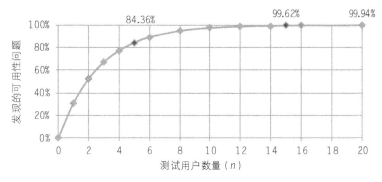

图 10-13　发现的可用性问题和测试用户数量的关系图

（2）招募用户

招募用户合适与否，直接影响研究的结果，一个好的参与者与一个不理想的参与者的比较如表 10-7 所示。

表 10-7　不同参与者的比较

一个好的参与者	一个不理想的参与者
代表产品的最终使用者	缺乏代表性，不具备相关的最终用户的特征
和产品的企业没有关系，也不是公司的雇员	和产品、团队或相关领域有特别的联系
愿意并能够明确地表达他们的体验和使用产品的反馈	对公司另有企图
	来自竞争者
	不能清楚地表达产品或界面的语言
	有身体的限制，不能完成特定的任务（假设这些限制不在研究范围内）

（3）背景调查

一个有效的背景调查必须遵循一个原则：从一般到明确，如图 10-14 所示。

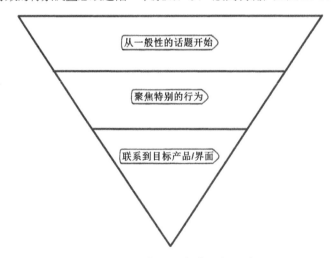

图 10-14　有效的背景调查原则

背景调查需要注意的事项（见表 10-8）：

表 10-8　背景调查需要注意的事项

时间：控制在 5～10 分钟
聚焦过去的经验和行为，不是对潜在功能的反应，避免问参与者可能会做的问题

建立默契关系、帮助参与者感觉舒适要做到如下几点：
• 保持目光交流、微笑和真诚；
• 引导交流；
• 避免判断性的问题或反映
• 涵盖利益相关者的主要问题
• 这是测试的开始，背景调查对于建立团队的自信很关键

（4）执行测试

10.5.3　可用性测试案例：打印机可用性测试

课题：打印机可用性测试

步骤一：测试方案制定（略）。

步骤二：任务设定和执行，如图 10-15 所示。

步骤三：任务编码，如图 10-16 所示。

步骤四：行为编码，如图 10-17 所示。

步骤五：分析及结果，如图 10-18、图 10-19（部分）所示。

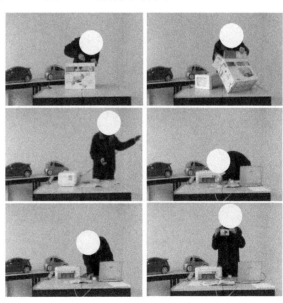

图 10-15　任务设定和执行

图 10-16　任务编码

图 10-17　行为编码

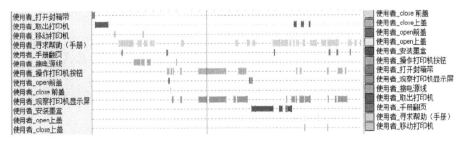

图 10-18　分析结果示例（1）

观察打印机显示屏	21	18.42%		close 前盖	1	0.88%
接电源线	6	5.26%		close 上盖	2	1.75%
取出打印机	6	5.26%		open 前盖	3	2.63%
取出工具	1	0.88%		open 上盖	2	1.75%
手册翻页	6	5.26%		安装墨盒	7	6.14%
寻求帮助（手册）	39	34.21%		搬动打印机	1	0.88%
移动打印机	2	1.75%		操作打印机按钮	15	13.16%
Not Coded	1			打开封箱带	2	1.75%

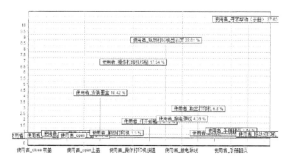

图 10-19　分析结果示例（2）

10.5.4　可用性研究案例：咖啡机可用性测评

- **任务分析**（见图 **10-20**）

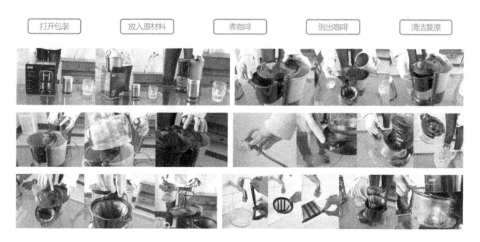

图 10-20　任务分析

- **测试方案制定（见图 10–21）**

姓名_____ □男 □女 年龄_____

开始时间_____结束时间_____ 2012年12月10日

****

测试前请确认以下工作已经完成：

1.关闭电源

2.洗净漏斗和水壶

3.摆放咖啡粉，纸杯，水，糖等材料

4.复位全部部件

5.装回纸盒包装中

开场白

"您好！您马上将要进行一个咖啡机可用性的测试，该测试的目的是想知道第一次使用咖啡机的人是如何操作的。桌面上有包装好的咖啡机和电源，以及咖啡粉，水，纸杯这些材料，您的任务是利用这些来完成一杯咖啡的制作！"

图 10-21　测试方案制定（部分）

- **测试实验（见图 10–22）**

图 10-22　测试实验

- **行为编码（见图 10–23）**

图 10-23　行为编码

- **行为分析（见图 10-24）**

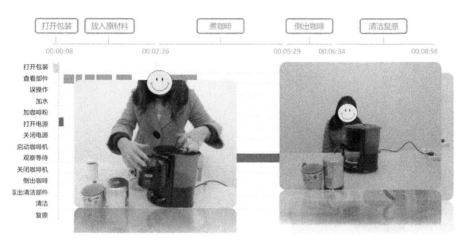

图 10-24　行为分析（示例）

- **行为编码分析（见图 10-25）**

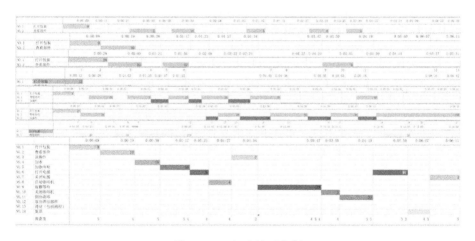

图 10-25　行为编码分析

10.5.5　5E 可用性（满意度）评价

5E 可用性（满意度）评价如图 10-26 所示。

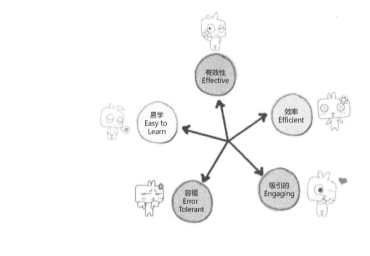

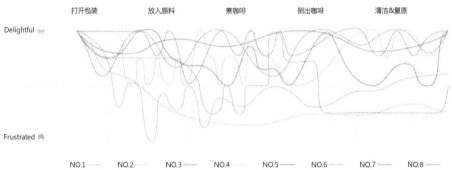

图 10-26   5E 可用性（满意度）评价

参考文献

［1］Nielsen, J., *Usability Engineering*. 1993.9: Morgan Kaufmann.

［2］ISO/IEC, *9241-14 Ergonomic requirements for office work with visual display terminals (VDT)s* in *Part 14 Menu dialogues*. 1998.

［3］Quesenbery, W., *Balancing the 5Es of Usability.* Cutter IT Journal, 2004. **17**(2): p. 4-11.

［4］Nielsen, J., *Usability Engineering*, ed. s. edition. 1993: Morgan Kaufmann.

［5］Scriven, M., *The methodology of evaluation*. AERA Monograph Series on Curriculum Evaluation. Vol. 1. 1967, Chicago: Rand McNally.

［6］Theofanos, M. and W. Quesenbery, *Towards the design of effective formative test reports.* Journal of Usability Studies, 2005. **1**(1): p. 27-45.

［7］Nielsen, J., *Why you only need to test with 5 users.* Alertbox, March, 2000. **19**: p. 2000.

［8］Faulkner, L., *Beyond the five-user assumption: Benefits of increased sample sizes in usability testing.* Behavior Research Methods, Instruments, & Computers, 2003. **35**(3): p. 379.

［9］Nielsen, J. and T. Landauer. *A mathematical model of the finding of usability problems.* 1993. ACM.

10.6 用户画像法

10.6.1 用户画像法简介

- **概念**

用户画像法是一种让设计师可以通过科学的手段全面了解并细致定义用户的用户体验研究方法。它生动形象地描绘了用户的特点，如年龄、性别、价值观、生活形态、使用习惯等，使设计师可以据此进行有针对性的设计。它既可以对整体用户群体进行定义，也可以将用户进行分群后，差别化地定义各个用户群体。

- **适用范围**

在提倡面向用户设计的时代，很多设计师在开始构思自己的设计时，并不能回答自己是为了谁而设计、什么样的设计会受到欢迎、自己对于设计理念的体悟是否符合目标用户的使用需求等问题。想要科学系统地回答以上这些问题，用户画像法就是不二的选择。

用户画像法对于设计师来说应该是一个基石性的研究。如果把产品研发的内容进行分层，可以构建出一个金字塔。底层的基础层，是从战略层面的方向性把握，用户画像法、产品使用态度或者用户生活状态的研究都是企业常用的工具；而关于产品最终的呈现方式，是最表层的战术层，叫表现层，用可用性测试来验证设计，并消除用户期待和产品之间的差异；在基础层和表现层之间的是范围层，介于战略和战术之间，常用概念测试、趋势性研究等实验（见图 10-27）。

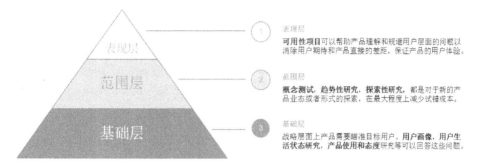

图 10-27 用户体验研究分层

• 优点

（1）总体聚合群像

用户画像法可以帮助设计师对设计对象的整体情况做全盘把握。首先，设计师可以使用用户画像法理解用户的整体生活方式、消费和使用场景，以及具体品类品牌使用。其次，用户画像法的理论基础是根据人们的态度进行分析的。之所以根据态度进行分析，是因为态度是持久存在的，人对从前没有碰到过的人或者事情，常常抱有某种态度。所以有了对设计对象的整体理解之后，设计师至少在大方向上不会迷失方向，也可以更加精准地针对这部分人群进行设计。

（2）实现区分画像

在设计师理解了用户的整体画像之后，因为用户需求又有独特性、多样性、区域性和跨域性，所以针对不同的细分人群，需要更准确地把握需求，进行具体的研究。举个简单的例子，手机已经成了我们生活之中必不可少的一个电子设备。对于手机系统界面的设计来说，不同的用户需求，设计也有所不同。如按照年龄来划分，儿童使用的手机界面要卡通形象多一些，注重安全和定位；而老年人的手机界面就需要字体较大，容易阅读。如按照使用重点来划分，游戏手机更加注重华丽的视觉效果；而商务手机更加注意效率和实用。这就是针对不同的用户画像进行有针对性的设计。

（3）复用价值高

用户画像法的结论对于一个业务或者公司来说是一个可以共用和复用的宝库，设计团队可以用其来探索和验证设计方案；产品团队可以用其来挖掘产品需求和验证产品方向；运营团队可以用其做精细化用户运营和提出更有针对性的方案；高层管理团队可以按照现有的用户画像结论和未来趋势的用户人群来调整宏观战略。因此，用户画像是一个一举多得的很有价值的研究方法。

- **缺点**

（1）时间和费用高昂

用户画像法作为一项大型的基础性研究，时间和费用都要高于其他研究方法。时间上，它的步骤复杂且工作繁杂，标准的用户画像法用时需要一个季度左右。费用上，因为涉及进行定性座谈会、定性深入访问、大规模的问卷发放、这些都需要资金预算的支持。所以，在项目开始之前，需要业务方或领导对时间和预算有一定的预期并进行管控，最终达成一致。

（2）具体落地成果量化困难

用户画像法并不是一个可以直接落地并且立刻见效于产品设计的研究方法。打个比方，用户研究法所产出的结果就像全国人口普查，统计出来的整体人口数量、年龄分布、新增人口等数据对于具体的产品或者设计很难产生直接的影响或者价值，但是对于产品或者业务的方向是具有很大的参考价值的。所以不同于可用性测试法可以直接针对设计或产品服务立刻见效，用户画像法的结果或成果的落地是长期、战略性、宏观的。对于很多设计决策或产品方向的贡献要远远大于实际的落地。这样可能造成的结果就是研究结果的量化标准很难把握，研究价值容易受到挑战。这需要在项目立项之前和业务方或者领导沟通，管控好预期，达成一致。

（3）研究结论并非一劳永逸

市场是时刻变化的，人们的需求也是不断变化的，对于用户的画像研究不可刻舟求剑、一成不变。因为人们的需求会随时间和环境一起改变，而人的认识和情感都是在动态变化之中的[1]。虽然用户画像在一段时间之内是稳定的，但是仍需要不断地更新以配合新的市场环境及产品创新的需求。这个时间可以是每年，也可以是每个季度，需要根据不同的产品或服务的属性来确定。用户画像也是有时效性的，需要设定一个更新频率。

- **注意事项**

用户画像法需要与用户打标法、用户分层法有所区分。

现在很多设计师，甚至研究员都不能很快地辨别用户打标法、用户分层法和用户画像法之间的区别。基本上，可以用数据源的不同来区分这几种不同的研究方法。用户打标法是根据用户在网站或者 App 上的浏览历史、购买历史等行为数据，经过数据

---

[1] 戴力农. 设计心理学[M]. 北京：中国林业出版社，2014.

团队分析而形成的，淘宝、天猫和京东商城的"千人千面"的基础就是根据数据生成的用户标签。用户分层法，是通过对用户不同的使用频率、购买金额、浏览频次等进行统计分析，最终产出不同的用户类型。比如，可以按照用户对产品的熟练程度，将用户进行分层，可分为新手用户、一般用户和专家用户。[1]而用户画像法是既包含了用户的打标，也包含了用户的分层，可以通过定量、定性或者大数据结合交叉分析来最终产生用户的定义，是更加全面和接近事实的研究方法。

另外，用户画像并不是真实的用户，它更多的是一种对用户群的抽象定义，尽管设计的时候会尽量生动、形象，就像真实的人物一样，但它更多的是提供给设计师、工程师和营销部门的一种沟通工具。

10.6.2　用户画像法的基本要素

• 理论基础

设计要为用户创造价值，就必须要从了解用户的需求入手。一般来说，需求的外在表现是用户的行为，而内在的动因则是用户的动机和目标。用户画像法的理论基础是建立在对于不同人群的心理需求的挖掘和探索上的。

• 样本

用户画像的整体样本数量根据不同阶段有所不同。对于定性研究阶段，至少要保证对于不同用户类型进行合理分配。对于定量问卷阶段，每个城市的每个细分维度至少保证 30 人的样本数量，如表 10-9 所示。

表 10-9　定量配额举例

省份	执行城市	性别	共计样本	18~24 岁	25~35 岁
北京	北京	男性	60	30	30
		女性	60	30	30
上海	上海	男性	60	30	30
		女性	60	30	30
广东	广州	男性	60	30	30
		女性	60	30	30
广东	深圳	男性	60	30	30
		女性	60	30	30

---

[1] 戴力农. 设计心理学[M]. 北京：中国林业出版社，2014.

- **假设和验证**

用户画像法的理论基础是建立在"用户是不同的"这个假设之上,并需要验证的。假设是由需求方、业务人员和研究人员共同讨论而形成的。验证是将这些用户画像细分人群放置在定性和定量的研究阶段进行的。最后通过对假设的穷尽和对验证结果的梳理和聚合最终形成了整体用户画像和细分用户画像。然而任何一种研究方法都有其短板,只有将多个数据源的数据进行交叉验证,才能产出更让人信服而且更接近于真相的研究结论。所以在用户需求的研究中,定量验证与定性探索应该是相辅相成的[①]。几十人参与的座谈会或者深度访谈等定性研究方法虽然可以挖掘出用户的思考,但是参与讨论的样本的数量和质量决定了这种方法不能从广泛的范围之中得到验证。而几千人参与的线上问卷的方法虽然可以进行大范围验证,但也会因采样范围、填写偏差、执行差异等问题而导致结果不可靠。对于几百万用户的行为数据进行采集和分析,虽然可以在最大数量上保证采集的可靠性,但局限是只能采集用户进行过的行为(如购买或者浏览记录),而不能更贴切地根据项目研究需求进行采样,这同样有局限性。那么,设计师的选择就是在有限的时间、精力和预算之内,使用尽可能多的方式方法进行验证并得出更加可靠的研究结论。

10.6.3 用户画像法的基本流程

用户画像法通常要遵循这样的基本步骤:需求分析、内部工作坊、定性深挖、定量验证和总结报告。

- **需求分析**

第一步,对于任何一个研究项目来说,先明确需求和背后的目的是第一要务。用户画像法更是这样,因为涉及的团队多,最终研究结论可以对不同团队进行支持,所以更要全面地广泛地听取需求和明确目标。具体形式可以有多种梳理方法,如"卡片法""鱼骨图分析法""6W 总结分析法"等。

- **工作坊**

第二步,组织团队或企业内部的工作坊,以开始研究。工作坊包括桌面资料收集、内部资料收集和内部头脑风暴这几个步骤,目的是最终达成内部期待值的一致。桌面资料收集则包括对行业报告和品类研究报告的搜集,内部资料整理包括对团队或者企

---

① 戴力农. 设计调研[M]. 北京: 电子工业出版社,2016.

业内部的本品报告和产品数据的梳理。有了这些资料之后，就可以开始内部头脑风暴的组织，如确认时间、地点、内容等。工作坊的一个核心目标就是对于内部期待值的平衡，也就是打压或拉高团队的期望值。最终产生可用于下一步定性深挖的用户画像分类，求得内部团队和老板的认可。

- **定性深挖**

第三步，对于在工作坊产出的用户画像假设，进行定性深挖。这一个步骤的目标是深度挖掘用户的不同态度和使用习惯，对于从内部产出的人群进行定性校验，产出更精准的画像。执行配额可以包括一组 6~8 人组青年座谈会、一组 6~8 人组中老年座谈会、一组 6~8 人组重度用户座谈会和 4~6 人行业专家深访。执行的难点为"预算和找到合适的供应商或主持人"。最终产出可用于下一步定量验证，形成被广泛认同的用户画像细分假设。

- **定量验证**

第四步，对于在定性深挖中所产出的用户画像假设，进行大样本量的定量验证。这个步骤的目标则是对于工作坊和定性访问所产出的用户画像进行大规模、大范围的统计学验证，最终确认用户画像。执行问卷的样本量推荐为 1000~2000 人的定量线上访问。软/硬配额包括性别、年龄、收入、使用频率、使用经验、城市级别和地理方位等。问卷框架包括甄别+行业+品类+本品+人口社会学变量。执行难点为"预算和找到合适的供应商"。最终产出被验证并被广泛认同的用户画像细分假设。

- **总结报告**

第五步，对于工作坊、定性挖掘、定量探索所产生的所有假设和验证进行梳理、总结，并结合业务需求产出最终报告。具体操作为通过对细分用户画像的"态度语句"的梳理进行"快速聚类"[①]，之后再"回归"到数据道中去"逐题检查显著性"，最终结合定性分析形成故事与报告。这个步骤要注意对用户画像的区格度进行检验，即明确细分用户画像之间的区格，之后通过同理心来体会这些细分画像，最终用完整的故事来呈现不同细分人群画像的特征。

10.6.4 用户画像法案例

- **假设案例展示游戏界面设计**

假设你是一名互联网游戏设计师，收到了产品经理的一个需求："请帮助研究并且

---

① 张奇. SPSS for Windows 在心理学与教育学中的应用[M]. 北京：北京大学出版社，2009.

产出在 2020 年'新冠肺炎疫情'期间居家人群的用户画像，并根据他们的不同游戏风格进行游戏界面设计。"那么，我们就一起来看看如何一步一步运用"用户画像法"来完成这个研究需求。

第一步，需求分析。

对于这个需求，我们首先可以通过"6W"分析总结法进行分析（见表 10-10）。

表 10-10　"6W"分析表格

编号	6W 题目	答　案
1	Who	居家游戏人群
2	What	不同人群的游戏风格是否有所不同
3	When	2020 年"新冠肺炎疫情"期间
4	Where	家庭居家环境
5	Why	用户是因为什么样的原因开始游戏的
6	How	这些人的不同游戏风格会对设计造成什么样的影响

经过了"6W"分析，可以看出这个需求已深入到具体的时间段，对具体使用场景和人群进行了定义和分析。

第二步，内部工作坊。

在梳理并了解了产品经理的需求之后，就需要准备组织一次工作坊来统一预期。可以选择在公司的大会议室展开讨论，准备展示、讨论、记录的相应设备(见表 10-11)。邀请参会人员，在这个案例里面可能包括互联网公司的产品团队、设计团队、运营团队、开发团队、管理团队等。需要准备讨论大纲并分发给与会人员，以让大家了解议题。工作坊用时不要超过两小时，中间可以休息。

表 10-11　工作坊准备材料

编号	准 备 项 目	描　述
1	6 ~ 10 人大会议室	足够大的会议室可以让讨论更加充分积极
2	投影仪或电视	有效的展示出前期的资料可以增加讨论的精准度
3	白板	需要将与会人的讨论结论梳理出来，使讨论更有条理
4	录音笔或摄像机	保留音频、视频素材，方便之后再次研究或者后期制作分享
5	会议书记员	帮助引导入会，实时记录内容，会场服务
6	零食、饮料	一定的零食、饮料可以帮助大家缓解紧张情绪，活跃气氛

假设在工作坊中经过讨论产出了 8 个相应的用户画像分类（见表 10-12），那么这 10 个用户画像分类，就是公司内部团队在他们对用户的认知范围之内所认可的、可以接受的画像分类。就此可以作为定性研究的基础。

表 10-12 工作坊产出假设用户画像分类

编号	假设用户画像分类	编号	假设用户画像分类
1	休闲游戏爱好者	5	具体主题爱好者
2	文艺游戏爱好者	6	战棋回合类爱好者
3	对抗竞技爱好者	7	音乐游戏爱好者
4	体育游戏爱好者	8	角色扮演类游戏爱好者

第三步，定性深挖。

在拿到了业务团队内部确认下来的 8 个用户画像分类假设之后，就可以开始定性挖掘来检验这些假设了。首先，我们可以按照不同的使用程度和游戏方式进行组别的配额设置（见表 10-13）。之后撰写访问大纲，进行访问，这个可以自己访问，也可以寻找专业供应商来进行访问。

表 10-13 定性深挖配额

编号	用户组别分类	配 额
1	轻度入门用户	焦点小组：6 人
2	中度日常放松	焦点小组：6 人
3	重度专业玩家	焦点小组：6 人
4	专家访谈	深度访谈：4 人
5	联机用户	深度访谈：2 人
6	单机用户	深度访谈：2 人
7	手游用户	深度访谈：2 人
8	游戏主机用户	深度访谈：2 人
9	电脑游戏用户	深度访谈：2 人

最终可能会在访谈中发现，工作坊中的 8 个假设用户画像分类中的 2 个在实际的用户群组中并没有出现。那么可以将其去除（见表 10-14），那么这 6 个假设用户画像分类就可以放在下一步定量研究中进行最终验证。

表 10-14 定性深挖产出假设用户画像分类

编号	假设用户画像分类	编号	假设用户画像分类
1	休闲游戏爱好者	4	体育游戏爱好者
2	角色扮演类游戏爱好者	5	具体主题爱好者
3	对抗竞技爱好者	6	战棋回合类爱好者

第四步，定量验证。

在得到定性分析产出的 6 个假设用户画像分类之后，就可以通过定量问卷进行验证了。注意这一步需要对每个假设出来的用户画像分类的态度进行态度语句编写，一般是以每个画像分类 3 条态度语句为准（见表 10-15），之后使用 SPSS 的主成因分析[①]将这个态度语句进行 100 个样本量的结构效度检验，以保证态度语句可以区分出具体人群。之后编写问卷并根据配额进行问卷发放。最终可能产出五类用户画像（见表 10-16）。

表 10-15　假设用户画像分类态度语句举例

编号	用户画像分类	态度语句
1		玩游戏就是为了放松、休闲
2	休闲游戏爱好者	对于有对抗性内容的游戏我一律不玩
3		简单的游戏规则是我所喜欢的

表 10-16　定量验证产出假设用户画像分类

编号	假设用户画像分类
1	休闲游戏爱好者
2	角色扮演类游戏爱好者
3	对抗竞技爱好者
4	体育游戏爱好者
5	战棋回合类爱好者

第五步，总结报告。

最后，将以上的四步梳理、分析、总结并产出最终报告。这里需要注意的是最终的结论要综合考虑，不仅仅是定量问卷或者定性访谈所问出来的结果，更要结合业务团队的需求和本业务的特点进行总结，最终产出了"休闲放松玩家""异世界玩家""火线勇士玩家"这三类最终用户画像。如表 10-17 所示。

表 10-17　最终用户画像分类

编号	假设用户画像分类	最终用户画像	描　　述
1	休闲游戏爱好者	休闲放松玩家	以放松休闲为主要目的的玩家
2	角色扮演类游戏爱好者	异世界玩家	以故事和角色的代入感为主要游戏目的的玩家
3	战棋回合类爱好者		
4	对抗竞技爱好者	火线勇士玩家	寻求高强度、高对抗性、高刺激度的游戏体验的玩家
5	体育游戏爱好者		

---

① 张奇. SPSS for Windows 在心理学与教育学中的应用[M]. 北京：北京大学出版社，2009.

那么，如何运用这个最终用户画像分类呢？举例来说，对于不同用户画像分类应该有不同的设计风格（见表 10-18）。这就需要结合本身的业务来判断如何将不同的人的需求融合进设计中，多和业务团队沟通并最终确认应用场景。

表 10-18　最终产出用户画像分类使用举例

最终用户画像	游戏界面设计风格
休闲放松玩家	色彩饱满程度高，卡通化界面，字号和图标都较大，整体风格圆润化，让人放松
异世界玩家	更多的符合剧本主题的设计，比如字体和图标根据需求进行设计，增强异世界的代入感
火线勇士玩家	色彩饱满度高，整体设计风格尖锐化，更多的声效和动效增强对抗气氛

总的来说，用户画像法是体验设计人员和体验研究人员从初级到中高级提升的必经之路，也是业务、产品、服务、或者设计的理论基础。当然，也应注意到这种研究方法和所有其他的研究方法一样，最后的洞察和产出应该落实到产品和服务的设计中去，合理利用，以提高设计的用户体验。

参考文献

［1］M. 艾森克. 心理学——一条整合的途径[M]. 上海：华东师范大学出版社，2001.

［2］徐伊萌. 在线教育产品的情境化设计与研究[D]. 上海：上海交通大学，2020：103-106.

［3］王重鸣. 心理学研究方法[M]. 北京：人民教育出版社，2004.

［4］风笑天. 社会学研究方法[M]. 北京：中国人民大学出版社，2009.

［5］袁方，王汉生. 社会研究方法教程[M]. 北京：北京大学出版社，2007.

［6］仇立平. 社会研究方法[M]. 重庆：重庆大学出版社，2008.

［7］陈彤. 老年人主观幸福感的调研分析[D]. 重庆：西南大学，2009.

［8］叶向. 统计数据分析基础教程——基于 SPSS 和 Excel 的调查数据分析[M]. 北京：中国人民大学出版社，2010.

［9］郭志刚. 社会统计分析方法——SPSS 软件应用[M]. 北京：中国人民大学出版社，1999.

［10］李乐山. 设计调查[M]. 北京：中国建筑工业出版社，2007.

［11］王嘉睿，徐伊萌，王希尧. 基于大学生第二外语需求洞察的学习体验优化设计[J]. 工业设计研究，2018，（00）：150-158.

［12］戴力农. 设计心理学[M]. 北京：中国林业出版社，2014.

［13］张奇. SPSS for Windows 在心理学与教育学中的应用[M]. 北京：北京大学出版社，2009.

✍ 备注

备注 1：卡片法，是以卡片这个物质载体来帮助人们做思维呈、整理、交流的一种方法。

备注 2：鱼骨图分析法可以帮助"在设计调研的过程中，收集到的现象需要进一步剖析、归纳，从而找到根本原因"。

备注 3：6W 总结分析是指针对目标人群通过"who/what/how/when/where/why"这 6 个问题进行分析、总结的过程。

第11章

产品设计中的应用案例：
抖音产品分析研究

11.1 案例背景

　　"抖音产品分析研究"是上海交通大学设计系的《设计心理学》硕士课程作业，由2019级工业设计工程专业的研究生于2020年完成，以下研究基于抖音 v8.4.0 版本（2019年）功能展开，核心思想不随版本变化而变化。小组组长：凌闻元，组员：徐涵宇、邵文、马玮玮、林静语、赵菁，指导教师：戴力农。

11.2 产品简介

- 抖音上线于 2016 年 9 月 26 日，是一款专注年轻人的 15 秒音乐短视频社区。
- 产品定位：15 秒音乐短视频社区——多元化的短视频 UGC 平台。
- Slogan：记录美好生活。

抖音在 2016 年诞生的初期，定位是"适合中国年轻人的音乐短视频社区"，彼时的 Slogan "专注新生代的音乐短视频社区"也呼应了这个初衷。随着抖音的不断发展，抖音的产品定位也发生了变化，2018 年 3 月，抖音迎来了品牌升级。从新的 Slogan "记录美好生活"来看，抖音的价值观变得更具普适性，不再仅仅是针对音乐和短视频的小众平台，而是鼓励更多的人参与 UGC 建设的平台。至此，抖音成为一个多元化的短视频 UGC 平台。

11.3 产品结构与功能

11.3.1 产品基本结构

抖音 App 功能结构分为五大模块：首页、关注、发布内容、消息和我。五大模块都可以通过抖音 App 底部 Tag 进入，也是抖音的一级功能。详细结构如图 11-1 所示。

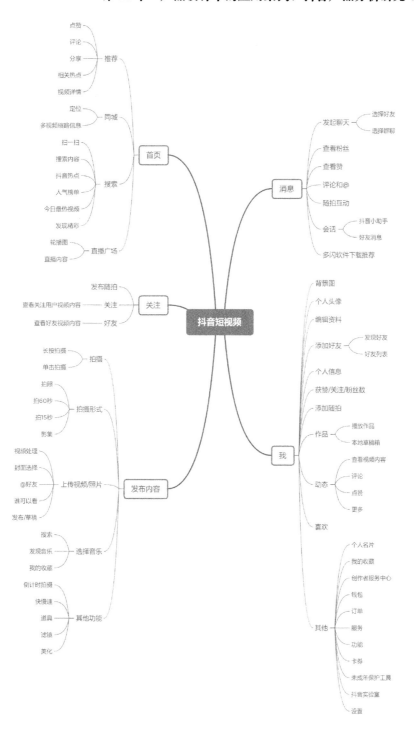

图 11-1　App 抖音功能层级结构图

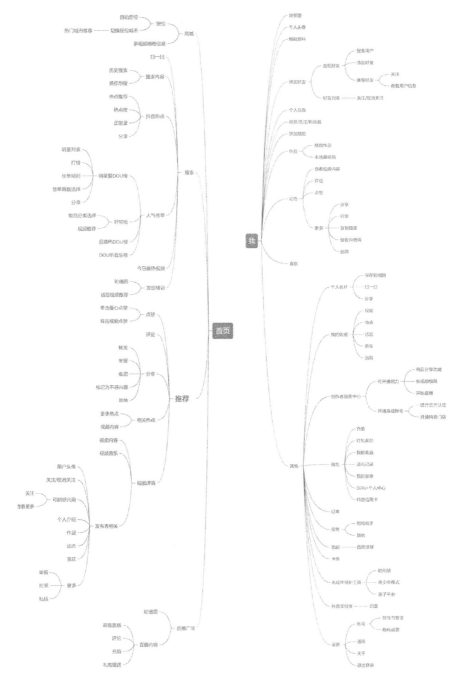

图 11-1　抖音 App 功能层级结构图（续）

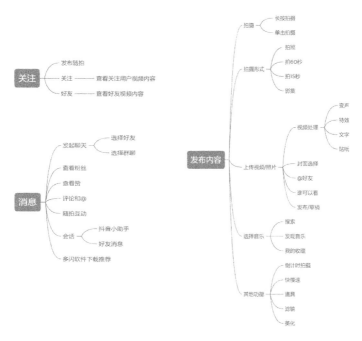

图 11-1　抖音 App 功能层级结构图（续）

11.3.2　产品核心业务逻辑

抖音的核心业务逻辑（见图 **11-2**）：用户上传视频后，官方进行内容审核，视频审核通过后会发布在平台上。运营团队会根据关键词推送给目标用户，用户可以在观看后进行点赞、评论、转发和拍摄同款等互动行为。互动数据会反馈给运营团队，推动视频的进一步扩散和推广。运营团队在这一过程中起到了推进闭环的作用，提高了用户的活跃程度。

图 11-2　抖音核心业务逻辑图

从层级结构来看，抖音的层级较少，最多只有三层折叠，用户操作路径较短。

录制视频和**浏览视频**是抖音最主要的核心功能。这两个功能的入口都在抖音功能结构的第一层级，即页面中最明显的位置。操作频率不高且不太重要的功能都被放置在边缘位置。在浏览视频的过程中，竖屏滑动播放的功能及自动播放下一个的功能简单便捷，让用户拥有更好的沉浸体验。

抖音用户使用流程如下（见图 11-3）：

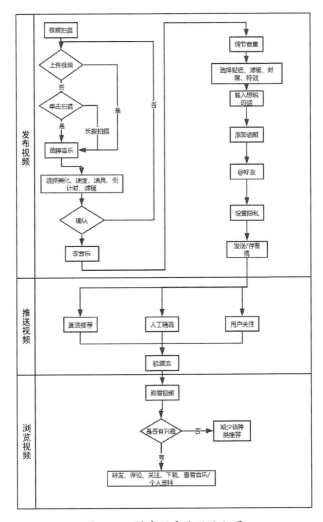

图 11-3 抖音用户使用流程图

11.3.3 产品核心功能

• 内容获取：浏览视频

从用户使用流程来看，用户可以通过首页的短视频信息流、直播、好友动态及随拍几种方式获取内容。

从内容业务特点来看，**抖音将视频流观看体验作为重中之重**。视频占屏幕比例大，文字说明及其他辅助功能均放在屏幕边缘位置，为用户提供高清的观看体验。这样可以瞬间吸引用户的眼球，让用户进入观看状态，充分激起了用户继续观看的欲望。抖音 App 首页播放视频界面如图 11-4 所示。

- **内容发布：视频制作与发布**

短视频创作功能是抖音平台的核心功能之一，它确保了创作者可以简单、有效地创作短视频内容，并且通过更多的特色效果增强抖音平台内容的独特性。抖音 App 的视频制作界面如图 11-5 所示。

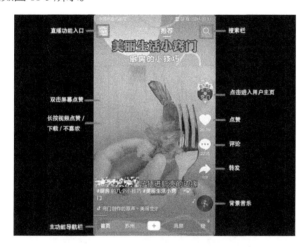

图 11-4　抖音 App 首页播放视频界面

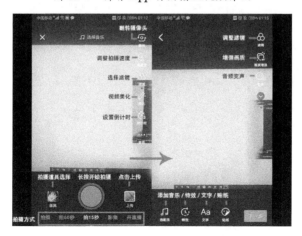

图 11-5　抖音 App 的视频制作界面

从流程上来看，用户可以点击一级页面中的"+"进入视频拍摄页面。抖音提供了三种录制方式：直接上传、单击拍摄和长按拍摄。业务流程如图 11-6 所示。

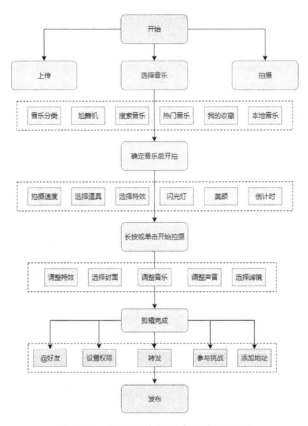

图 11-6 视频制作与发布业务流程图

11.3.4 产品核心机制：推荐算法机制

北京字节跳动科技有限公司的个性化推荐算法在今日头条上的应用大获成功后，又在抖音中继续深化个性化推荐的战略，将个性化内容推荐算法加入抖音，旨在为每个用户带来个性化的观看体验。

- **抖音的推荐算法机制：信息流漏斗算法**

抖音的推荐算法机制是著名的信息流漏斗算法，也是今日头条的核心算法。

- **抖音算法背后的心理学：社会相似性**

推荐算法机制的背后深藏着心理学原理：社会相似性，即默认你喜欢的东西都是相似的。如果你喜欢一个视频，那你大概率也会喜欢另一个相似的视频；如果你和另一个用户的喜好相似，那么他喜欢的内容你大概率也会感兴趣。

- **抖音算法背后的逻辑：流量池+用户与视频标签化**

抖音里每一个视频诞生的初期都在一个初级流量池内，视频会根据创作者提供的标签与关键词等信息，被推荐给那些最有可能对视频内容感兴趣的用户。根据第一批用户对视频产生的行为反馈，机器会生成对视频质量的评价，从而决定视频是否进入下一个流量池并获得更大的推荐量。这样的算法较为科学地评估视频的质量与潜力，让每一个有能力产出优质内容的人得到了公平竞争的机会。只要用户有能力产出优质内容，就可以获得高流量，保证了内容的良性竞争。推荐算法机制流程如图 11-7 所示。

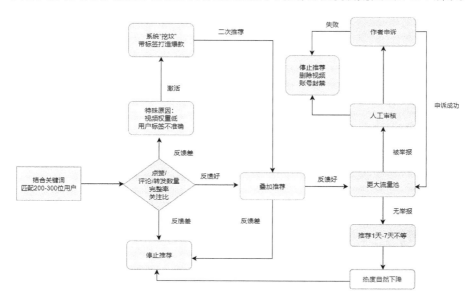

图 11-7　推荐算法机制流程图

11.4 用户分类

功能是为了满足需求而生，不同类型用户的需求不尽相同，对于不同的用户，抖音提供不同的功能，承担着不同的角色。

根据各类用户使用目的的不同，我们可大致将用户分为三类：

表 11-1　用户分类

使用目的	消磨时间	社交目的	营利目的
用户类型	普通抖友	分享生活型、小众网红型	平台大
用户特征	接触新鲜事物，通过观看短视频消磨碎片化时间	仅仅跟随主流，有社交需求，拍视频仅仅是自我实现的方式之一	通过制作短视频"圈粉"，推广产品，然后变现

11.5 用户的心智模型

11.5.1 抖友的心智模型

在抖音用户中，基础用户多为那些消磨时间的短视频消费者，也就是所谓的"抖友"。这些用户在抖音 App 上以消磨时间、消遣娱乐为主。他们对于使用抖音 App 的时间和地点要求较低，利用生活中的碎片时间就可以刷抖音。

专注娱乐和消磨时间的抖友的心智模型如图 11-8 所示。

图 11-8　抖友的心智模型

11.5.2 短视频小网红（社交）的心智模型

抖音平台的小网红们作为抖音的生产者和消费者，主要目的是在平台上进行社交。

他们会像普通刷抖音的用户一样，利用碎片时间刷抖音娱乐，同时还会进行自我创作的准备。对比头部创作者来说，这些创作者会相对更加注重与粉丝的互动，给评论区回评、互评，以及开直播互动都是非常重要的方式。大量粉丝的认可给予了他们自我实现的满足感，也带给他们继续创作的动力。而为了变现，这些小网红会接一些广告或者参加一些电商活动，通过加盟的方式来获取一些金钱上的回报。

注重社交并具备娱乐性的短视频小网红的心智模型如图 11-9 所示。

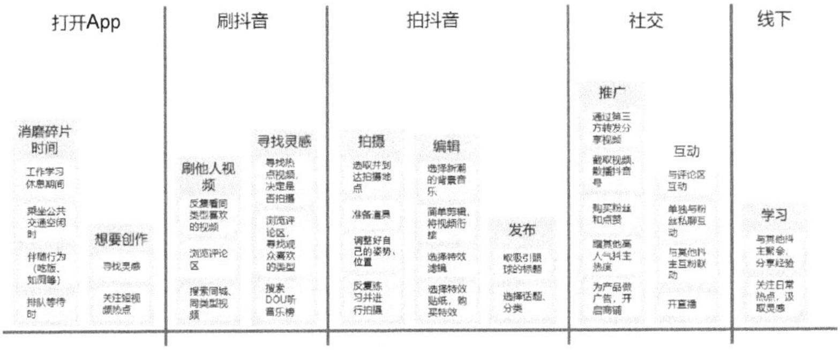

图 11-9　短视频小网红的心智模型

11.5.3　KOL 的心智模型

关键意见领袖（Key Opinion Leader，KOL）是营销学上的概念。通常被定义为拥有更多、更准确的产品信息，为相关群体所接受或信任，并对该群体的购买行为有较大影响力的人。这类人的账号在其擅长领域通常具有号召力、影响力、公信力。对他们来说最重要的是推广自己的抖音号，增加自己的粉丝量，这样才能提高对行业的影响力，从而给自己带来更多的收益。KOL 的心智模型如图 11-10 所示。

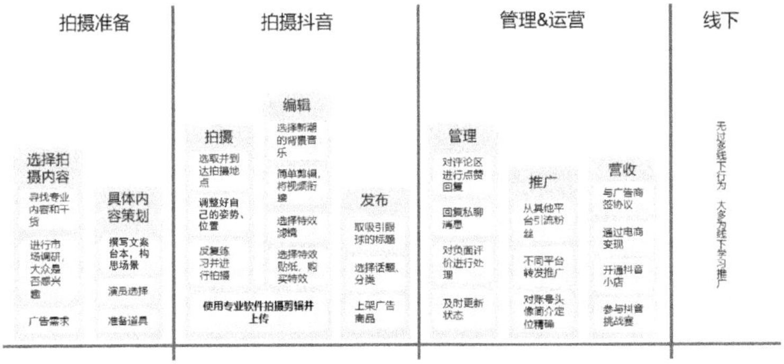

图 11-10　KOL 的心智模型

11.6 马斯洛需求分析

11.6.1 马斯洛需求层次理论

根据马斯洛著名的需求层次理论，可将人类需求分为递进的五级金字塔，自下向上分别为：生理需求、安全需求、社交需求、尊重需求和自我实现需求（见图11-11）。在互联网行业的方法论中，大部分是以用户需求为产品服务目标和拆解对象的，马斯洛需求层次理论至今仍然适用。抖音作为一个短视频平台，能让用户感到愉悦，内容是快餐式的，操作是比较简单的，其成功的一个关键因素是它满足了人们基础的生理需求和安全需求。

图 11-11 马斯洛需求分级

11.6.2 用户的核心需求侧分

根据抖音发布的《2018 年度数据报告》，目前抖音的国内日活跃用户已经突破了 2.5 亿，用户基数如此庞大，其中不同类型用户的需求也存在着差异性，前面列举的普通抖友、小众网红与分享生活型用户、平台大 V 这三类用户在使用抖音时，所体现的马斯洛五类需求程度也不同，彼此之间有较为明显的区别。

（1）普通抖友

抖友的核心需求，依照马斯洛的需求分级，主要是认同归属的社交需求和寻求快乐的生理需求（见图 11-12）。

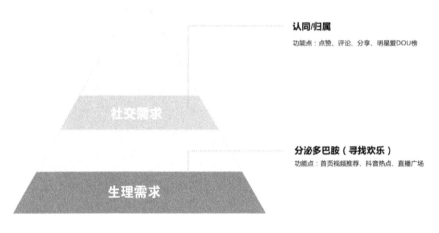

图 11-12　普通抖友的核心需求

（2）小众网红型、分享生活型用户

小众网红型和分享生活型的用户，以社交为主要目的，相较于抖友，他们的参与度更高，由一个内容消费者逐渐向内容生产者靠拢。

这类用户的核心需求，涉及认同归属的社交需求、自我尊重、外部尊重的尊重需求，以及创造力、传播正能量的自我实现需求。小众网红型用户通过与他人的评论、点赞的互动来寻求认同，发视频获赞、获得名气满足尊重需求。通过发现自身创造力，传播正能量，充分发挥个人能力，达到自我实现。他们的影响力、知名度也依托于平台得以提升，因此对抖音的依赖性增强。如图 11-13 所示。

图 11-13　小众网红型、分享生活型用户的核心需求

（3）平台大 V

平台大 V 可以看作小网红的升级版，社交已经不再是他们的主要目的，目的性更强的盈利成为他们使用抖音的主要目的。

平台大 V 的核心需求是价值变现，这里的"变现"不仅是指具体的金钱，还有名气和地位。根据马斯洛的需求理论，主要归属于安全需求和尊重需求上。这些 KOL 一方面希望流量变现作为自己的收入，维持或提升自己的生活，属于安全需求；另一方面希望有更多的粉丝，获得名气和地位，属于尊重需求。如图 11-14 所示。

图 11-14　平台大 V 的核心需求

平台大 V 的核心需求部分对应功能如图 11-15 所示。

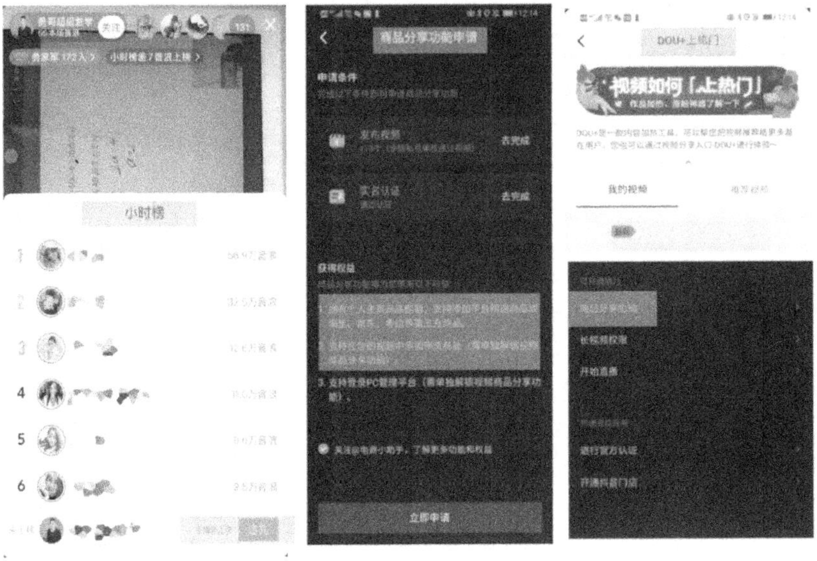

图 11-15　平台大 V 的核心需求部分对应功能

从抖音整体来看，其在商业模式上突出了用户是价值的共同创造者，形成了有效的正反馈循环模式。具体来看，它有内容的输入与输出、流量的获取和利用、收入的获取和补贴，以吸引更多的用户，形成了一个闭环（见图 11-16）。而平台大 V 是组成闭环中很重要的一部分，主要是通过生产专业内容来将其变现的。

图 11-16　抖音的正反馈循环模式

抖音的 Slogan 是"记录美好生活"，这句口号印证了马斯洛需求层次理论提出的"在物质需求逐步得到满足之后，人们的精神需求日益凸显"。人们对更高层次的美好生活的记录方式与态度的向往和追求，将会推动着抖音越走越远。

11.7 用户行为中的个体心理学与群体心理学

本节主要是对抖友用户、注重社交的小众网红型用户的用户行为做个体心理学与群体心理学分析。抖音 App 的平台功能设计主要是针对这两类用户打造的，而较普通的 KOL 则与小众网红型用户的心理学规律重合，所以，下面就对抖友和小众网红型用户的用户行为进行分析。

11.7.1 下载并打开 App 的用户行为

从群体心理学角度对下载并打开 App 的用户行为的分析如下：

从众心理。作为一个周围人都在用、App 榜单排行一直前几的软件，大家都会感到好奇或者为了合群去下载抖音。在现代社会中，与群体成员保持一致可以使人更容易被成员接受，同时会对自己的群体有强烈的认同感。

权威效应。有的人比较相信权威，明星的入驻（见图 11-17）成为抖音至今受欢迎的原因之一。入驻的明星就是短视频界的权威，他们的行为会成为普通抖友和粉丝的学习对象。

图 11-17　为抖音代言的明星

11.7.2　刷视频过程中的用户行为

从个体心理学角度对刷视频过程中的用户行为的分析如下：

社会比较（自我改善）——人们会查看其他发布者的关注和粉丝量，看他们的视频和创意，通过和他人的比较来评估自己。通过这种社会比较，促使自己创作出更好的短视频，这是一种自我改善的过程。

社会比较（自我增强）——有的抖音消费群体喜欢看别人出丑、捉弄他人、错误示范类的短视频，以此来寻求自身的优越感。为此抖音的喜好分析算法会给这些消费群体推荐同类型的视频，满足其自我增强的需求。抖音的推荐界面如图 11-18 所示。

社会比较（自我控制）——用户在刷视频时，看到内容不良、具有抄袭嫌疑的视频会举报，禁止其下一步的传播，这是用户自我控制的一种体现。抖音举报界面如图 11-19 所示。

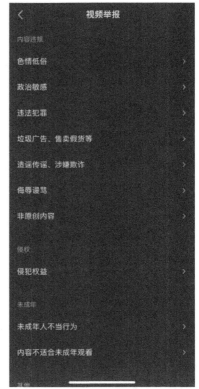

图 11-18　抖音的推荐界面　　　　图 11-19　抖音举报界面

社会交换（合意特征）——用户更加喜欢浏览和自己喜好相关的短视频。抖音的喜好分析算法和推荐内容能有效帮助用户精准快速地浏览到合意的视频。

社会交换（接近性）——用户会更倾向于观看同城和附近拍摄的短视频，地理位置较近的短视频给用户感觉更加亲近和熟悉。抖音的同城推荐和同城热门给予了便利，满足了接近性的心理需求。

社会交换（相似性）——用户比较喜欢那些浏览同类短视频、与自己喜好相同的人。抖音的推荐算法和社区化构建形成了较为合理的抖音交际圈和人际网络，能够满足众多用户寻求与其相似的其他用户的需求。

11.7.3　社交互动中的用户行为

（1）从个体心理学角度对社交互动中的用户行为的分析

社会交换（合意特征）——用户通过评论内容和点赞寻找与自己观点相同的用

户，然后进行点赞和回复，还会在创作区寻找自己喜欢的抖主进行关注并进行良好的互动。而那些抖主也更愿意和认可他们、夸奖他们的浏览者互动，建立良好的抖主与粉丝关系。抖音提供了较为良好的评论环境和系统，置顶和热评都能快速让用户找到合意评论。

社会交换（接近性）——用户首先更倾向把视频分享给身边的朋友，其次则是关系较为亲密的人群（亲人、朋友等）。抖音在软件上提供了分享至微信好友、微信群、朋友圈及其他社交软件的功能（见图 11-20）。

动力与奖励机制（外驱力）——用户在观看视频后的点赞、转发都会获得经验和等级的提升。而在直播中送礼物也会获得升级和称号。抖音的这些功能形成了激励机制，是评论区互动的放大杠杆。

动力与奖励机制（内驱力）——忠实的粉丝用户会为自己的爱豆打榜，为他们刷流量，贡献数据，购买他们推荐的物品，以此来寻求自我价值的实现。抖音为此制定了大 V 榜单和粉丝"本场贡献榜"，来激励粉丝进行更多的打榜，实现人流带动效果。

（2）从群体心理学角度对社交互动中的用户行为的分析

群体行为的相似性（互惠）——消费用户为自己喜欢的抖主的视频点赞、评论，购买自己喜欢的商品。而生产用户则为消费者提供有趣的视频和商品推荐，从中获取自我满足感和一定的金钱利益。

11.7.4 拍摄视频中的用户行为

（1）从个体心理学角度对拍摄视频中的用户行为的分析

焦点效应（自我关注）——在拍摄视频时，生产者都希望自己拥有独特的美丽和特效，抖音就提供了各种免费的和付费的特效、滤镜供生产者使用。

社会交换（合意特征）——某些用户看到自己喜欢及适合自己的视频会选择拍摄同款或同类视频，消费者和生产者通常能互相认可，从而促使更多生产者的转化。抖音提供了一键拍摄同款，使用相同音乐和滤镜拍摄及挑战功能、合拍功能，将这些合意的用户聚集在一起（见图 11-21）。

（2）从群体心理学角度对拍摄视频中的用户行为的分析

社会行为动力（外因）——消费用户的点赞、评论、关注所能转换成的金钱收益都是生产者使用抖音拍摄动力的外因。

11.7.5 其他行为中的用户行为

（1）从个体心理学角度对其他行为中的用户行为的分析

焦点效应（自我关注）——昵称、头像和个人简介是对生产者一个很重要的自我定位，能够代表自我的特色和不同之处。而对于一个普通的抖友来说，自定义头像、昵称和主页背景也能满足其自我关注的心理需求。个人主页如图 11-22 所示。

社会比较（自我控制）——用户可以自行开启防沉迷模式，给未成年人开启青少年模式。防沉迷是对自我的控制和约束，在抖音的推荐算法下很容易让用户上瘾。而抖音推出的"向日葵计划"也能有效地从网络上保护青少年，也是一种自我控制的体现。

（2）从群体心理学角度对其他行为中的用户行为的分析

社会行为的内部动力因素（好胜心）——抖音排行榜、公会排名、今日热门、小时榜排名等促进了拍摄生产用户的好胜心，促使他们拍摄优秀的视频来提高自己的排名和粉丝量。

图 11-20　分享交互界面　图 11-21　拍同款/合拍界面　图 11-22　个人主页

11.8 上瘾模型——如何让消费者上瘾

抖音作为一款现象级的产品，成功地让很多人不知不觉地上瘾，每天在这款产品上消耗了大量的时间。正如尼尔·埃亚尔在《上瘾：让用户养成使用习惯的四大产品逻辑》中说："如今，我们习以为常的那些科技产品和服务正在改变我们的一举一动，而这正是产品设计者的初衷。也就是说，我们的行为已经在不知不觉中被设计了。"

11.8.1　上瘾模型

本文采取的分析框架是基于尼尔·埃亚尔在《上瘾：让用户养成使用习惯的四大产品逻辑》中提出的上瘾模型。上瘾模型分为四个阶段：触发、行动、多变的酬赏和投入。如图 11-23 所示。

11.8.2　触发

触发就是让用户做出某种行动的诱因，这是整个上瘾过程的第一步，也是最关键的一步。进一步对触发的方法进行分类又可将其分为外部触发和内部触发。

（1）外部触发

外部触发是通过用户以外的环境因素来引导用户产生行为，抖音主要利用此来获取新用户。渠道型触发和人际型触发是抖音的主要发力点。扩张阶段的抖音在各大社交网络和热门综艺进行了轰炸式的广告分发，目标是一、二线城市中新潮炫酷的年轻人群体。抖音在下沉过程中采用了新的渠道触发方式。在向下沉的市场扩张中，回馈型触发方式似乎更受重视，比如新人注册即可获得现金红包，每停留一小时可获得相应的奖励。这种利益的驱动对三、四线城市中的青年更加有效。

图 11-23　上瘾模型

（2）内部触发

内部激励方式是抖音区别于其他短视频产品的重要部分。外部激励可以通过显而易见的荣誉体系达成，但是用户的内部激励更多来自用户本身，对于平台来说，调动内部激励比较难。通过对抖音的分析，我们发现抖音主要是以"让创作更简单"为目标的，这意味着用户可以用更低的成本获得相同程度的成就感和满足感，也就达到了内部激励的目的。抖音分别用降低生产门槛和降低创意门槛的手段，让发布视频的整个过程变得顺畅，让视频的质量更高，最终给用户带来了更强的自我实现感。

降低生产门槛的方法包括使用便捷的拍摄工具、特效制作工具、视频编辑工具，以及视频素材获取方式。即使不是专业的摄影师和视频后期制作者，也可以在抖音拍摄指南的引导下制作出效果不错的视频，与使用专业工具拍摄视频相比，这种方法的性价比较高，最终成功地鼓励了更多草根用户从消费者转化为生产者。

解决了怎么拍的问题，接下来要解决的就是拍什么的问题。降低创意门槛的方法包括提供现成的脚本模板、不间断地推出新的"挑战"活动、新增尬舞机功能、收购Faceu 以获取更多贴纸和滤镜效果、Showcase 内容的激发联想等。这些功能和运营手段都是为了给用户提供拍摄灵感。有研究表明，模仿的本能在早期是与他人拉近距离的重要社交手段。因此，听从天性的模仿比从零开始的创作对用户更有吸引力。模仿行为在一段时间内带动了一种拍摄形式或话题的热度，使平台具有"中心化"特征。

11.9 竞品分析

▌11.9.1 产品对比

目前，短视频市场正处于高速发展期，垂直领域竞争激烈，商业模式逐渐成熟，用户增长逐渐放缓。本节选取抖音短视频、快手、微视及好看视频（四款产品的 Logo 见图 11-24）进行对比，以分析抖音短视频在激烈市场竞争中的长处与不足。

图 11-24　四款产品 Logo

以下列举抖音短视频相关竞品的基本特点及与抖音短视频的主要区别。

（1）快手

快手与抖音短视频的主要区别在于用户群体。根据 QuestMobile 于 2019 年 6 月发布在 Growth 用户画像标签数据库中的数据，虽然抖音短视频和快手的用户性别分布大致相同，但是快手中 18 岁以下的用户群体占比明显高于行业中其他平台 18 岁以下用户群体的占比，低龄化的现象更为普遍。

快手的用户更多分布在三线城市及以下，相较于抖音短视频，快手的用户更为下沉。对于抖音短视频而言，30 岁以下用户占比更高，且用户线上消费能力更强。

（2）微视

微视与抖音短视频的主要区别在于导流平台。抖音短视频与今日头条都是字节跳动旗下的产品，抖音短视频账号可以与今日头条的账号绑定，实现关联共享粉丝。而微视则不尽相同，虽然微视的短视频存在一些内容同质化的弊端，但是它凭借腾讯产品矩阵带来的优势，通过微信、QQ 等社交产品为其导流，拥有了庞大的用户群体。

（3）好看视频

好看视频与抖音短视频的主要区别在于内容分发算法。好看视频借助百度得天独厚的 AI 技术优势，将内容分发算法和搜索引擎与兴趣引擎相结合，与此同时将视频账户与百度账户打通，在推荐度上有助于用户突破"信息茧房"和"奶头乐效益"，延续了百度 App 搜索引擎与兴趣引擎相融合的优越性。

┃ 11.9.2　功能对比

本节结合文章《竞品分析：抖音、快手等短视频软件的五方混战》中的数据，针对四种竞品中的一些特色功能，对比分析各短视频软件的异同。

在视频拍摄功能方面，抖音短视频增加了"地点收藏"的功能，希望用户方便前往网红店、网红地打卡，这对于拉动地方经济有一定积极作用；微视的"一键出片"功能，推出了近期很热的照片卡点及视频模板，降低了用户的制作门槛。

在社交功能方面，抖音短视频推出了"随拍"，可以拍摄短视频和照片，甚至可以发布文字；快手推出了"群聊"功能，用户可以建立 5 个 200 人以下的群组，也可以加入其他人的群组，增强了快手的社交属性。

在其他功能方面，微视推出"泡泡贴"和互动玩法，比如发红包和求红包，吸引了大量女性用户和年轻用户；微视的精选页面有视频合集，将一系列的视频整合起来，具有一定的连续性，方便用户观看。好看视频则有观看记录，方便用户查找历史视频。

表 11-2　特色功能对比表

名称 特色功能	抖音短视频	快手	微视	好看视频
视频拍摄相关	视频拍摄：15s 至 60s 开直播：视频和游戏	拍摄时长：12s 或 57s K 歌	拍摄防抖、虚帧 一键出片：图片卡点，视频模板	横屏拍摄 作品合集展示

续表

名称 特色功能	抖音短视频	快手	微视	好看视频
社交相关	随拍:可拍摄短视频和图片,也可发布文字评论@好友	群聊功能 精选专区(付费内容) 作品同城不显示设置 不允许下载作品设置	泡泡贴(弹幕贴纸) 互动:趣味玩法,发红包,讨红包	视频页面评论输入框 真爱团(付费加入)
其他功能	收藏:地点收藏 人气榜单:品牌榜,好物榜	自动播放下一个	合集推荐功能 投票	观看记录

11.9.3　心智模型对比

通过对用户心智模型的分析,我们将抖音短视频用户分为普通用户、小网红和 KOL 三类。

本节在抖音短视频分析的结果上结合其他三款竞品进一步归纳整理这些用户的心智模型,研究四款短视频软件针对相似用户行为的不同需求解决方案,对比分析他们的异同。如图 11-25 所示,普通用户对于短视频软件的需求十分类似,但四款竞品都或多或少加入社交的元素,希望通过社交或者社区来提高用户的黏着性。

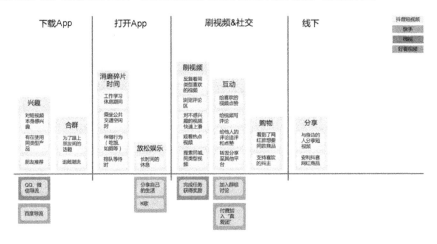

图 11-25　普通用户心智模型对比

对于短视频平台而言,"内容质量"一直都是短板。相较于栏目化制作和影视产业支撑的电视内容，或有着大量购买或自制内容的传统网络视频平台，短视频平台的制作都略显无力，虽然目前这个短板被海量内容通过算法分发的产品优势所掩盖，但未来发展终归还是需要通过内容数量、推荐精准度、内容质量三者的合力。通过小网红心智模型对比（见图 11-26）、KOL 心智模型对比（见图 11-27），平台方面已经开始重视视频内容，借助各种方式让小网红或者 KOL 产出精品化的内容。

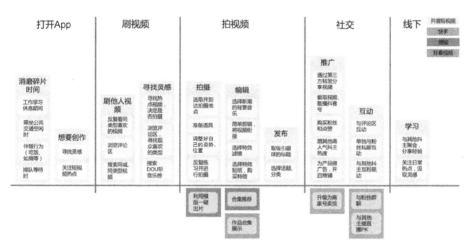

图 11-26　小网红心智模型对比

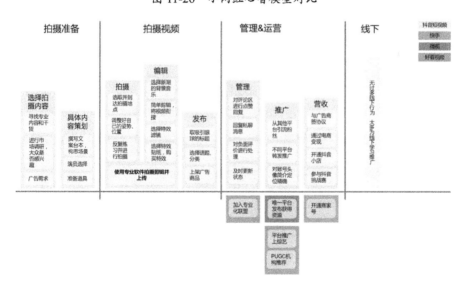

图 11-27　KOL 心智模型对比

11.9.4 红蓝海分析

目前短视频行业呈现明显的金字塔结构，马太效应的特征显著。在短视频行业蓬勃发展和优厚回报的吸引下，越来越多的企业和个人加入短视频的蓝海，行业内部竞争趋向白热化。在内容市场，占住"头部市场"是关键，这意味着更大的流量和更多的回报。在"内容为王"的定律下，短视频内容仍然是竞争的关键。

短视频的本质是内容平台当下短视频行业已经成为内容领域的第三极。短视频的主要媒介是视频，所以，目前短视频的红蓝海也就是视频垂直领域的红蓝海。

从视频类型上看，搞笑、美食等垂直行业的观众需求大，但领域内的细枝末节基本已被照顾周全，空间很小，难度很大。母婴、财经等垂直行业，节目数量偏少，商业化价值高，目前头部节目仍未做到绝对领跑，存在大量的蓝海空间。

从未来趋势来看，用户对短视频的消费需求已经不仅仅满足于消遣娱乐，更多的人想从碎片化的时间里，通过短视频获取知识，促进个人进步。何同学、毕导等创作者的成功很好地印证了这一点。知识类和专业类的短视频，在内容的深度上有很高的要求，对创作者的要求也更高。如何在短时间内使内容生产具备文化性、思想性，有深度又不失趣味，是未来创作者的重要问题。

与其他短视频平台相比，抖音在垂直领域上的突破体现在城市形象与政务宣传方面。

以抖音在城市形象建设方面的作用为例，与以前的官方宣传、塑造城市形象相比，现在的受众更加青睐通过较为"接地气"的内容和新颖的传播形式来宣传城市形象，普通网友成为内容的生产者与传播者，以自身的视角抓取生活中感兴趣的场景，并进行创作与传播，这些更容易得到现代网友的认同，从而得到有效的广泛传播。2018年初，抖音发布"Dou Travel"计划，试图通过联系各个城市的政府、旅游局，共同挖掘城市文化特色，打造城市文化新名片，展示凝结在城市居民衣、食、住、行中的点滴美好，并依托抖音全球化平台将其推向世界。

从2017年到2018年，在抖音的助推下，城市旅游特别是特色景点的相关短视频拥有很高的传播率，由此带动相关城市的大热。西安市、重庆市作为第一批在抖音走红的"网红城市"，其相关的热点视频获得了很大的浏览量，得到了很多人转发，并在一定程度上将线上热度转换为线下旅游资源，在推广城市形象、拉动城市旅游方面形成有效助力。

西安市旅游发展委员会入驻抖音平台后，其认证的官方账号目前已经获得了超过 100 万个点赞，互动频繁，留言积极。在抖音于国内发起"跟着抖音游西安"，并在全球 150 个国家和地区同步上线"Take Me to Xi'An"活动后，一周国内外总浏览量超过 2 亿。西安市 2018 年春节期间游客数量达到 1269.49 万人次，创造了约 102.15 亿元的旅游收入，而"五一"小长假期间西安市的旅游人数较上一年多了 400 多万人，是 2017 年的两倍多，热度为全国第二名，仅次于故宫。

抖音塑造的网红城市不仅在城市形象传播上有很大的推动作用，也直接促进了城市旅游的发展。

其他蓝海：

- 抖音+知识类短视频。
- 抖音+地区经济振兴。
- 抖音+高校文化建设。
- 抖音+文化遗产保护。

11.10 社会道德评价及设计取舍

11.10.1 责任规范

　　抖音短视频在责任规范方面，能够做到发布符合国家规范和社会准则的内容；防止青少年沉迷，引导青少年浏览积极向上的内容；弘扬正确的价值观和世界观。

　　在鼓励责任规范的举措上，抖音短视频按照《网络短视频内容审核标准细则》和《网络短视频平台管理规范》审查所有上传的内容；对于违反规则的用户进行封号或者账号重置处理；用户举报违反社会道德的视频再次审核；建立用户安全信用评级系统；推出青少年防沉迷模式与"向日葵计划"；开展 DUO 艺计划；邀请社会各界代表共同制定《抖音社区公约》。

11.10.2 互惠规范

　　抖音短视频在互惠规范方面，鼓励生产者和消费者的互利共赢。

　　在鼓励互惠规范的举措上，抖音短视频放大评论互动区的杠杆：评论点赞、置顶，同时提升消费者的参与感和生产者的成就感；引导产生大量的互动视频，让双方都收获社交价值；让头部 KOL 与平台进行利润分红；促进品牌与平台的商业合作。

11.10.3 公正规范

　　抖音短视频在公正规范方面，保护原创作者的版权及合法权益；引导公平竞争；

规范内容的发布，鼓励真实原创的内容。但对于刷粉行为仍未能有力监管；用户上传的音乐及一部分网络音乐并没有版权。

11.10.4　时间排序

抖音短视频在时间排序方面，对于早期入驻及长期用户有正向的反馈，但推荐流中展示的视频内容或者话题比起时间更加重视热度，而且在其他条件相同的情况下，最新的评论容易被看到。

在鼓励时间排序的举措上，抖音短视频推出以热度为核心权重的推荐算法；鼓励新内容上浮，旧内容下沉；用优质内容激发用户对产品价值的认可，提升消费者的留存；用已经在平台上传的内容和获得的流量作为沉没成本留存生产者。

11.10.5　利他与亲社会

抖音短视频在利他与亲社会方面，推动慈善公益；严格限制反社会或是恐怖主义倾向的内容。但是视频内容中存在不当的拜金或仇富现象。

抖音短视和今日头条联手与罕见病发展中心合作，发起 FSHD 公益行动；推出"中国抖有味"IP，通过美食为乡村扶贫；根据相关法律法规对严重违规的用户进行永久封号，并可能让其承担相应的刑事责任。

11.10.6　避免破坏性传播与从众

在鼓励避免破坏性传播与从众的举措上，抖音短视频在内容营销的时候规定不可出现查看联系方式、促销打折、吹捧效果等相关话术；不可出现邪教、宗教、封建迷信内容；利用强节奏性的"洗脑神曲"帮助传播内容；利用社区的文化认同和共同话题的塑造，给平台带来热度和用户黏性。但过分依赖"洗脑式"传播是存在一定弊端的，这不利于人们心理的健康发展，若监管有漏洞，容易让不法之徒利用。

11.10.7　去除偏见

抖音短视频在去除偏见方面，对带有种族歧视或是性别歧视的言论或内容不予发布，对粗俗或带有攻击性的语言由平台进行初步筛选；对带有民族主义色彩或其他不当隐喻的内容由人工审核或用户举报。

11.10.8　总结

　　信息时代的迅速发展，为很多产业带来了机遇。在这种利好的大环境下，短视频行业也异军突起，但平台在享受快速增长的商业利益时，要注重自身对社会的影响力，不能忽略对内容的把关，要肩负起对社会的责任。抖音短视频可以通过加强审核机制与封号管理等相关方式向外界及时传达出积极的信号，并引导用户形成积极的价值取向，为社会的健康发展献出一份力量。

11.11 优化控制与总结

11.11.1 优化用户需求

消费端：从内容的维度看，抖音在用户的心智中是一款泛娱乐工具。数据显示，82.3%的用户更喜欢看搞笑类和恶搞类的短视频。尊重需求越来越被用户需要。移动互联网蓬勃发展，需求也在不断升级，继人们生理需求、安全需求被充分满足之后，情感归属的需求也被逐渐满足，而知乎、得到、喜马拉雅等平台的兴起，使尊重需求开始被放大，非泛娱乐，知识类的内容将被更多用户需要。优化方案要引入非泛娱乐类的内容生产者，并逐渐引导生产者的内容走向垂直化。

生产端：抖音去中心化的平台定位，算法推荐的内容分发延伸出来的弊端也很明显，它会导致内容生产者不被重视，缺乏自主权。数据显示，抖音的内容生产者虽然有许多粉丝，但只有22.5%的粉丝看关注页，53.2%的粉丝在推荐页消费内容。内容生产者为了进入推荐页，创作哗众取宠的内容，生产者没有忠实的粉丝，也无法支配自己的流量。这些问题无法满足生产者应有的与粉丝间的社交需求和作为创作者的尊重需求。抖音需要优化关注页，放大生产者的信息和内容，制造生产者被了解的机会；同时在推荐页中推出已关注生产者的内容，增加粉丝与生产者的互动性。

11.11.2 内容优化

短视频赛道上充满无限可能性，有走平民路线的快手，有靠明星拉动的微视，也有强算法推荐的抖音等。但是最终会发现这些短视频都有一个特点：综合性内容。虽然横向的内容触及很广，任何类型的内容都有，但纵向的垂直类内容却非常稀缺。

垂直类内容缺少的主要原因在于抖音的推荐算法和推荐页不适合垂直内容的推广。同时垂直领域内容的商业价值和变现较为困难，同时抖音在这类内容上的扶持力度不够，生产者在此类视频所获得的关注度较少。于是我们选取了纵向专业化和场景服务化两方面来提出内容上的优化建议。

（1）纵向专业化

在运营上，可以通过平台政策鼓励，针对性引入专业化的内容；通过流量扶持，正向反馈等维持专业化的内容的持续产出。产品上，通过认证标识，比如"音乐达人""体育达人"等，给予生产者正向的激励。

比如在文化领域中，拥有悠久历史的非物质文化遗产在短视频时代似乎迎来了新的机遇。古琴、川剧、盘纸、皮影戏、泥塑等非物质文化遗产在短视频上焕发新生。如图 11-28 所示。

图 11-28　非物质文化遗产在抖音上的传播

（2）场景服务化

在抖音 App 中，建议提供垂直类圈子的入口、垂直类的场景服务。比如当浏览者看唱歌内容时，抖音可以提供"音乐圈子"的入口，浏览者进入圈子后，除了可看的垂直类内容，平台还提供唱歌教程、音乐剪辑、吉他弹唱等服务。抖音 App 在购物方面的场景服务化已经做得较为完善（见图 11-29），可尝试将购物的橱窗系统运用在其他垂直场景服务上。

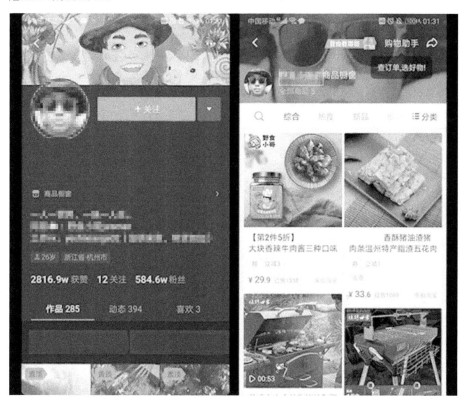

图 11-29　抖音现有的购物类场景服务功能

11.12 总结与展望

现在中国的年轻人正变得更个性化、多样化，短视频行业的兴起使人们的生活更加丰富多彩，同时提供了一个所有人展现自己的平台，这是抖音发展起来的最大背景。抖音靠着优秀的推荐算法立足于短视频市场，用当下的流行音乐给生产者和受众带来快感。自 2016 年上线，短短三年抖音就受到了大家的喜欢，目前已经覆盖 155 个国家，除了来自中国的 1.5 亿活跃用户，抖音全球活跃用户总计达 5 亿，这样的用户规模，Facebook 花了近四年，Instagram 更是花了六年。从大的方向上看，抖音无疑是抓住了短视频的发展趋势，并且在最恰当的时候站到了潮头。

然而，短视频行业在发展中也暴露出了许多问题：有一些网红用户为了获取关注和点赞，将道德伦理置之于外，作为公众人物却发表不恰当的言论，拍摄包含色情、暴力等内容的视频。而有些观众为了自我获取快乐，缺少高尚的道德追求，放任违规视频的存在，并任其进一步传播。而某些短视频平台也为了吸引人流、赚取流量，存在管理宽松的问题，抖音也存在许多问题。

抖音在安全需求和尊重需求方面还没有做到尽善尽美，需要精心地打磨和完善，而在内容优化上更需要一个探索的过程，这样才能找到一条长期发展的道路。同时抖音需要面临一个道德上的考验：是继续选择增长用户停留时长，还是防止用户沉迷其中呢？我们认为抖音应该摆脱"精神瘾品"的称号，加强道德方面的建设。

✍ 参考文献

[1] 人人都是产品经理社区. 2019 抖音产品分析报告：下沉+国际化的新社交媒

体[EB/OL]. [2021-10-12].

［2］QuestMobile 研究院.Quest Mobile 短视频 2019 半年报告[DB/OL]. [2021-10-18].

［3］木河.竞品分析：抖音、快手等短视频软件的五方混战[J/OL]. [2021-10-21].

［4］王晓鑫.新媒体环境下"抖音"短视频的传播内容分析[J].新媒体研究，2018，4（12）：32-33.

［5］唐小鹏. 基于抖音平台的新媒体营销分析[J]. 广东轻工职业技术学院学报，2019，18（02）：74-76+80.

［6］张雨萌. 短视频 App 的营销推广模式分析——以抖音为例[J]. 传媒论坛，2018，1（09）：174-175.

［7］佘倩倩. 抖音短视频的商业价值与盈利模式调查报告[D]. 南京：南京大学，2019.

［8］于幼军，杨嫣然. "抖音文化"现象的形成及其存在的问题[J]. 新媒体研究，2019，5（11）：99-100.

［9］黄碧玉. 新媒体平台对文化传播力的负面影响及价值塑造——抖音 App 的"罪与罚"探析[J]. 黑河学院学报，2019，10（05）：196-198.

第 12 章

环境艺术设计中的应用案例——上海交通大学徐汇校区设计调研

《环境艺术设计中的应用案例——上海交通大学徐汇校区设计调研》是由上海交通大学设计学院设计系视觉传达设计（环境设计方向）的李思扬、吴桐、王一凡、郭一娴四位本科生于 2020 年在设计调研课上完成的作业。指导老师为戴力农。

12.1 背景概述

　　徐汇校区作为上海交通大学的老校区，是上海交通大学的创办之地，其校园内有许多历史建筑，例如校门、老图书馆、工程馆等。徐汇校区综合办学条件优良，教育基础设施齐全，是上海交通大学培养高质量人才、高水平服务党和国家事业发展的基地。

图 12-1　上海交通大学徐汇校区实景

12.1.1　区位分析

地址：上海市徐汇区华山路 1954 号（近广元西路）。

占地面积：300 万平方米

上海交通大学徐汇校区周边商业圈较多，人口住宅较为密集，生活附属区域面积较大，交通便利，居民设施完善。

该校区有四个主要的校门，各自所在路段的交通流量情况也不尽相同。华山路较为宽阔，两边的学校较多，人流量大，车流量一般，且主要集中在上学、上班和放学、下班期间；靠近钱学森图书馆的路段人流量较大，大多数是外来的旅游人员和乘坐地铁的当地居民；淮海西路、番禺路和广元西路紧邻住宅区，人流量和车流量相对于华山路更大。如图 12-2 所示。

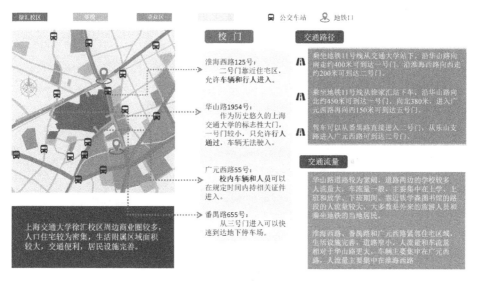

图 12-2　上海交通大学徐汇校区区位图

12.1.2　上海交通大学徐汇校区平面图

徐汇校区主要包括生活区、教学区、休闲区、运动区、附属区五大功能区。如图 12-3 所示。

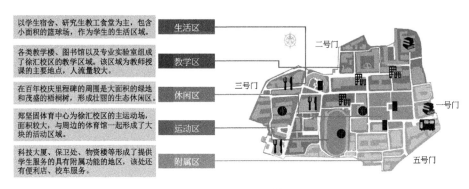

以学生宿舍、研究生教工食堂为主，包含小面积的篮球场，作为学生的生活区域。　生活区

各类教学楼、图书馆以及专业实验室组成了徐汇校区的教学区域。该区域为教师授课的主要地点，人流量较大。　教学区

在百年校庆里程碑的周围是大面积的绿地和茂盛的梧桐树，形成壮丽的生态休闲区。　休闲区

郑坚固体育中心为徐汇校区的主运动场，面积较大，与周边的体育馆一起形成了大块的活动区域。　运动区

科技大厦、保卫处、物资楼等形成了提供学生服务的具有附属功能的地区，该处还有便利店、校车服务。　附属区

● 体育场　■ 立碑　教学楼　图书馆　食堂　站台

图 12-3　上海交通大学徐汇校区五大功能区平面图

12.2 五感分析

12.2.1 视觉

　　徐汇校区内的建筑分布均匀，平面布局排列紧密，视野范围内建筑林立，仅在操场与草坪及其附近视野开阔。不同建筑年代分布特征为东北部较老、西南部较新。人流密度的视觉感受为生活区和教学区内人流较密集。如图 12-4 和 12-5 所示。

视野较开阔
视野很开阔
视野较拥塞

上海交通大学徐汇校区内的建筑分布均匀，平面布局排列紧密，视野范围内多建筑林立，仅在操场与草坪及其附近视野开阔。

图 12-4　上海交通大学徐汇校区视觉分析图 I

新建筑
较老建筑
老建筑

上海交通大学徐汇校区老建筑集中分布在东北部；西南部主要为新建的宿舍、餐厅、学院楼

图 12-5　上海交通大学徐汇校区视觉分析图 Ⅱ

12.2.2　听觉

总体而言，运动区与休闲区的人为噪声相对于教学区、生活区与附属区的更少。

休闲区能听到虫鸣与鸟鸣，平添肃穆宁静之感，亦有行人的交谈、行走声，大家都习以为常。

生活区内噪声较多，例如餐厅通风管的声音容易令人心情烦躁，楼内的装修声和食堂内部的吵闹声使人厌烦。而交谈声、用餐声有生活气息，属于可以忍受的白噪声。

教学区内偶尔有令人不适的噪声，例如除草机的声音。其他声音如脚步声、交谈声、扫地声、踩到草坪或树枝的咯吱声、虫鸣、鸟鸣等都给人习以为常的感受。

运动区内也能听到虫鸣、鸟鸣，加之绿化较多，令人感到放松舒适。聊天、走路声和打球等运动声等都有生活气息。但久听地下车库的机器运作声容易让人心生躁念。

附属区内有校车站点，故人们对车声感到习以为常。师生等行人的交谈声能够体现出校园内的生活气息。而便利店内的机器提示音等重复播放的声音也给人留下深刻印象。

12.2.3　触觉

场地整体绿化和建筑面积相适宜，比例协调。绿化植被的存在让人心情愉悦、放松，建筑不同的砖面纹理触感又给人文化厚重感，柏油路和砖石路的触感结合，给人更加稳重、踏实的感觉。如图 12-6 所示。

- 绿化植被 35%
- 砖面砖纹 35%
- 道路质感 25%
- 其他触感 5%

灌木

有光滑的树叶和扎手的小树枝，触感不是很好，在路上要小心跌入灌木丛，以防受伤。

草坪

踩上去脚感柔软，绵密，让人感到舒适、放松，是很好的休闲处所。

 植

光滑砖纹

纹理光滑，手感较好，给人坚硬的感觉。在使用过程中会让人感觉品质高级。

粗糙砖纹

纹理粗糙，有些温热，给人敦厚的感觉。在使用过程中能给人带来厚重、有底蕴的感受

 砖

砖路

有明显的砖缝触感，相比起柏油路要更加凹凸不平。人在其上走路、骑行要小心。

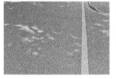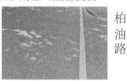

柏油路

触感坚硬、粗糙，颗粒感强，摸上去有些烫。给人稳重踏实的感觉。

 路

防滑毯　　　塑胶跑道　　　金属

 其他

图 12-6　上海交通大学徐汇校区触觉分析图

12.2.4 嗅觉与味觉

上海交通大学徐汇校区内嗅觉与味觉强烈的地点，如图 12-7 所示。

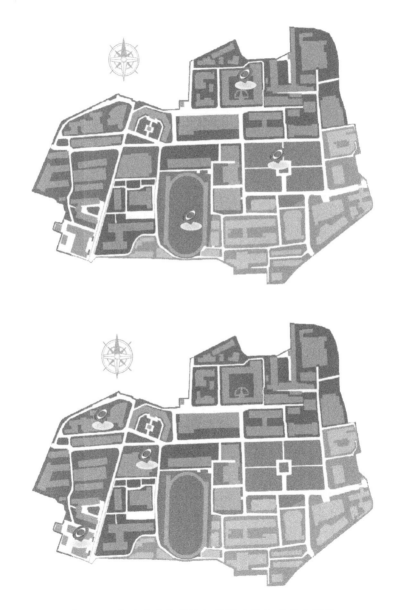

图 12-7 上海交通大学徐汇校区嗅觉与味觉分析图

气味最为刺鼻的地点是工程馆附近，空气中的化学物质气味较明显；其次是大草坪，混合着青草与泥土在阳光下被炙烤的气息；较为微弱的是操场周围，散发着烈日下蒸腾的塑胶气味。味觉通感主要集中在西部的生活区内，其形成受影响于桃李苑、研究生食堂以及第二食堂长期传出的饭菜香味。

12.3 交通流量分析

12.3.1 校区交通方式与路线

1）校门与附近停车场的联系：从二号门进入的车辆大多开往钱学森图书馆旁边的停车场；从三号门和五号门进入的车辆，大多开往生活区的地下停车场出入口。庙门处设立有校车站台。

2）仅供行人步行区：在学生宿舍背面及周围，有仅供行人通过的小路。学校百年校庆纪念碑及周围的草坪和小路仅供行人通过。此外，操场仅供行人通过。

如图 12-8 所示。

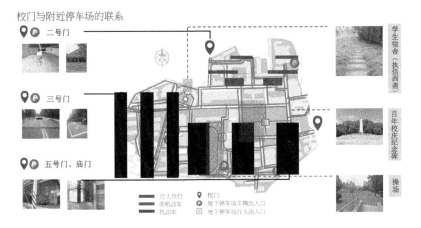

图 12-8　上海交通大学徐汇校区交通方式与路线分析图

12.3.2　校区交通流量

　　小组成员在人流低峰时期和人流高峰时期两个时间段进行观察、记录，分别得到校区内非机动车、行人、机动车的流量情况。人流低峰时期，校区中心东西向主道路的非机动车数量较多、人流量较大，而机动车车流主要集中在校门口附近。人流高峰时期，三类交通形式分布规律与前者大致相同；除此之外，其整体交通流量要大于前者。

　　如图 12-9 所示。

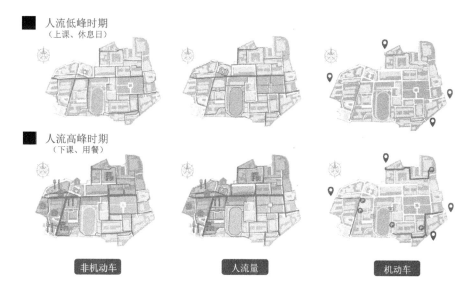

图 12-9　上海交通大学徐汇校区交通流量分析图

12.4 意识流记录

组员一：扑面的古朴、沉静，夹杂着夏末的闷热。人很少，偶有神色匆忙的。操场门关着进不去，在树荫下也能感受到闷热的空气在躁动扭曲，不停歇的虫鸣和地下车库疯狂运作的机器的风箱声，传达出一种自然与机器碰撞交错的铿锵矛盾。包图的生气丰富了些，可能有会议，许多着正装、挂吊牌的人匆匆进入。周围弥漫着咖啡味与农药味。这大概是一片虽坐落在飞奔向繁华的喧嚣牢笼中，却允许人踱步前行的净土吧。

组员二：朱漆庙门老图，灰泥巍碑新院。有几栋新楼与另一边上了年纪的浑身长满"皱纹"的砖瓦格格不入，略显怪诞。想着探寻历史的脚步，却被不知由来的诡异气味切断了思路。我无意惊扰休憩在树上的原住民，只是转悠着，转悠着……不知不觉间，此处的轰鸣声与此处的闲静竟相遇了，湮灭了……

组员三：一进入校区，一种宁静的厚重感就扑面而来。我轻松愉悦地漫步于植满整排梧桐树的道路。从庙门到操场、图书馆、教学楼、餐厅，再到学生宿舍，路上的人们神色平静，享受悠然时光。漫步途中，透过一座座充满历史气息的建筑，仿佛还能看见一代代国之栋梁在这里学习、奋斗，互相鼓励支持，然后走向建设祖国的道路。浓郁的文化底蕴，清幽的学校环境，让这里成为了繁华都市里求学者们的圣地。

组员四：下了校车，首先进入眼帘的是郁郁葱葱的树木和草坪，在烈日的照射下，蝉鸣此起彼伏，穿越百年历史的建筑掩映在树木间，构成一派幽静庄重的自然休闲之景。校园内的大部分建筑依然保留着原始的外貌，有一些体育场、实验室和图书馆经过修缮，更加具备现代的气息，与校区附近的商圈和小区形成鲜明的对比，在庄严肃穆间凝聚和展示着时代的智慧和未来。

12.5 管理部门信息

　　校区管理部门信息主要集中在道路上和建筑周边，其中又分为象征性管理信息与强制性管理信息。象征性管理信息呈现导向性作用，如校门口减速带等；而强制性管理信息呈现阻拦性作用，主要处于以下区域：

　　（1）地面停车场设有停车框和倒车路障，主要道路上设有黄线，实现机动车停放管理；部分路段口设有路墩、路障，仅供行人和非机动车通过。

　　（2）草坪以及绿化区设有栏杆，以起到禁止跨越和攀爬的管理效果。

　　对上海交通大学徐汇校区管理部门信息的分析，如图 12-10 所示。

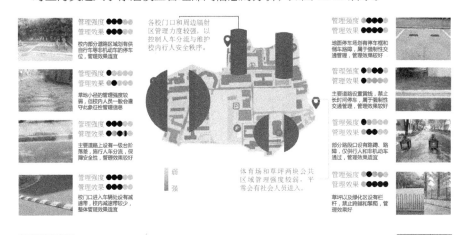

图 12-10　上海交通大学徐汇校区管理部门信息分析图

12.6 痕迹法分析

校区内痕迹主要分为积累型、磨损型、缺席型三种。

通过分区观察，发现如下情况：

（1）积累型痕迹有路边未经打扫的落叶、堆积的垃圾、停靠的自行车等。

（2）磨损型痕迹指建筑物、道路等表面的磨损痕迹。

（3）缺席型痕迹指受人为影响而本该存在但不存在的痕迹，包括石凳上的青苔、被清理的污垢等。

五大功能分区内痕迹的相对密度与三类痕迹在校区内的分布情况，如图 12-11 所示。

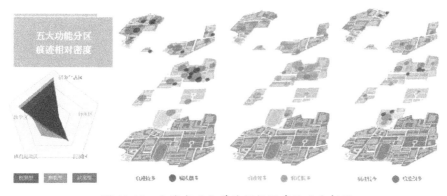

图 12-11　上海交通大学徐汇校区痕迹法分析图

12.7 活动注记分析

　　小组成员在前文所述的教学区、生活区、休闲区、运动区、附属区等五个功能分区内选择了 1 至 2 处观测点，观察几类人群的主要行为，以进一步总结各分区内的主要活动类型与其对应人群的关系。其中各功能分区观测点位如图 12-12 所示。生活区行为观测范围在宿舍楼与食堂附近；休闲区行为观测范围在大草坪中央纪念碑处；教学区行为观测范围在安泰经济与管理学院楼附近；运动区行为观测范围为操场周边；附属区行为观测范围为小白楼前交叉路口。

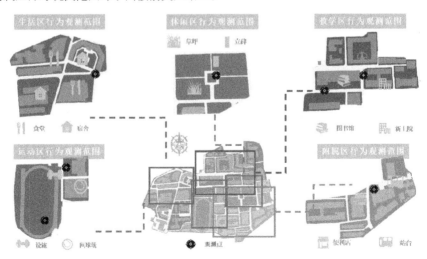

图 12-12　各功能分区观测点位

12.7.1　区域行为分析

　　小组成员将五大功能区内的人群分为学生、教职工和外来人员三类，并分别观察记录低峰时期与高峰时期不同人群各行为所占比例。

2020-09-26 周六 10:30~11:30

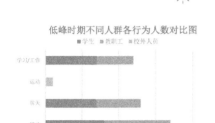

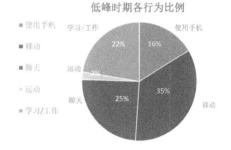

高峰时期与低峰时期的不同人群各行为人数差异较大，高峰时期学生大多在学习，且其他人群的各类行为也较少；低峰时期学生与教职工除运动外其他行为人数分布较均匀；外来人员各项占比均较少。

2020-09-24 周四 13:00~14:30

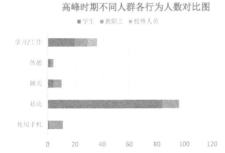

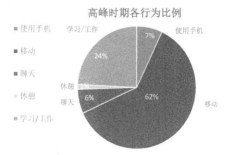

图 12-13　上海交通大学徐汇校区教学区行为分析图

如图 12-13 所示，以教学区为例。高峰与低峰时期人群均有的活动包括使用手机、移动、聊天、学习/工作四类，其中主要活动类型是移动，包括步行、疾走、骑自行车等。高峰时期学生占比过半，而低峰时期各地点人群分布较均匀。

此外，高峰时期与低峰时期的各类人群各行为人数差异较大，高峰时期学生大多在学习，且其他人群的各类行为也较少；低峰时期学生与教职工除运动外其他行为分布较均匀；外来人员在人群中占比较小，故在各项行为中占比也均较少。

12.7.2 活动注记总结

（1）除运动行为只出现在运动区外，其他行为在各个分区均有出现。

（2）教学区与生活区内高峰时期与低峰时期的密度差异更为明显。

（3）低峰时期各功能分区内人数均较少，因此人群行为密度无倾向性集中的现象。

（4）对比发现，车流密度集中的区域与行人密度集中的区域基本互相避开。

（5）上海交通大学徐汇校区的车流密度相对行人密度较小。

校园建筑使用率密度分布

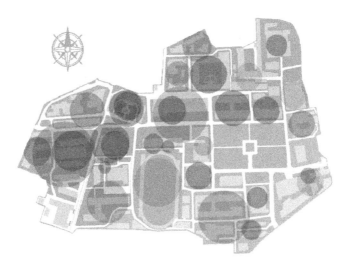

图 12-14 上海交通大学徐汇校区活动注记分析图

高峰时期人群行为密度分布

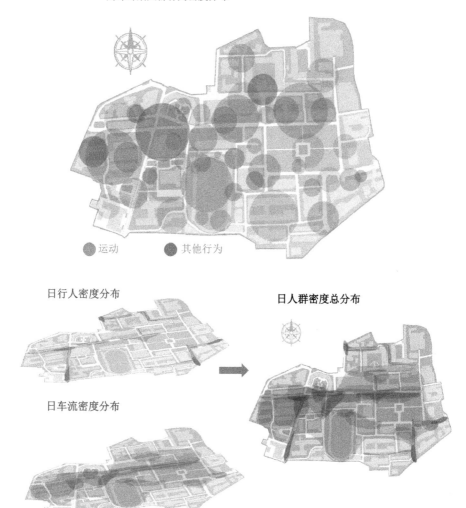

图 12-14　上海交通大学徐汇校区活动注记分析图（续）

12.8 跟踪实验法

通过活动注记环节，小组成员归纳出多种行为，每种行为体现出人们在各个场地的行为动机不同，因此对人群进行了分类。又由于每种行为的背后均有其目的，而这些目的则体现了行为人群的需求，因此也对各行为人群对应的主要需求进行分类。

12.8.1 人群分类

我们将人群分为维持日常生活人群、娱乐放松人群、目的性人群这三个类别。

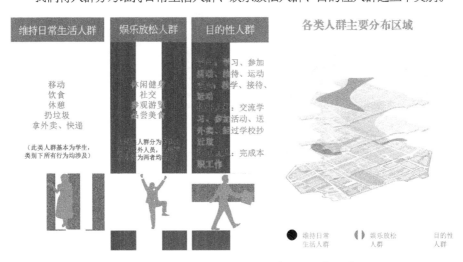

图 12-15　人群分类与各类人群主要分布区域

| 12.8.2　行为人群需求层次

　　小组成员基于马斯洛需求层次理论，结合调研场地的场地特性与场地内人群的表现行为，对其需求层次与类型作出一定的调整与补充。

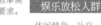

图 12-16　行为人群需求层次分析图

　　如图 12-16 所示，三类人群分别对应的需求为：维持日常生活人群的主要需求为生理需求、活动需求与尊重需求，主要表现为物质层面的需求；娱乐放松人群的主要需求为活动需求、社交需求、认知需求、自我实现需求；目的性人群的主要需求为效率需求、认知需求、自我实现要求。而每种需求所对应的行为包括：自我实现需求——前沿学术研究、游览；认知需求——学生学习、师生研讨会、校外人员参观学习；尊重需求——部分人群对其他人群不产生干扰的要求；社交需求驱使下的行为表现——手机通话、面对面交谈等；效率需求驱使下的行为表现——抄近道；活动需求驱使下的行为表现——包括一系列运动与娱乐活动；生理需求驱使下的行为表现——吃饭、上厕所、饮水等。

综上分析可发现：相对于维持日常生活人群而言，娱乐放松人群的精神层面需求增加；相对于娱乐放松人群而言，目的性人群的目的性增加。

12.8.3 上海交通大学徐汇校区跟踪实验法（1）——维持日常生活人群

* 样本信息

对象：在校学生

年龄：20～25 岁

性别：男

目的：全家便利店

路线：宿舍→学生服务部旁边→新建楼附近→全家便利店→新建楼附近→工程馆

跟踪时长：15 分钟

1. 从宿舍走出来，左转直行至学生服务中心旁边；
2. 右转，步速较快，直行至新建楼附近，左转；   维持日常生活
3. 直行至全家便利店前，看了一会儿手机，进入全家便利店；
4. 买好东西从全家便利店出来，折返至新建楼旁；   目的性
5. 扔了垃圾，右转朝着工程馆方向直行，边走边看手机；
6. 走到工程馆前，停下看了一会儿手机，进入工程馆。

图 12-17　维持日常生活人群跟踪流线图

- 场地状况

1. 路段较为宽阔平坦，以行人为主，十字路口处有少量非机动车经过；

2. 全家便利店在附属区，距离生活区和教学区较远；

3. 新建楼前的道路有人车分流；

4. 新建楼右侧由于有大草坪存在，视野较为开阔；左侧教学楼集中，视野较为拥塞。

- 个人评价

1. 被跟踪者目的清晰，场地内路线明确；

2. 学服旁边十字路口处交通流量密度较大，行人低头看手机的行为存在一定安全隐患；

3. 被观察者舍近求远，推测是工程馆旁的教育超市内没有其想要的产品；

4. 路程中基本没有机动车，人流量不大。

12.8.4　上海交通大学徐汇校区跟踪实验法（2）——娱乐放松人群

- 样本信息

对象：校外参观人员

年龄：30+岁

性别：女

目的：无明确目的地

路线：新上院→包兆龙图书馆→百年校庆纪念碑→总办公厅→体育场

跟踪时长：20 分钟

图 12-18　娱乐放松人群跟踪流线图

1. 从新上院出来，撑着伞，神色平静；
2. 从百年校庆纪念碑大草坪的中间通道经过，并停留拍照；
3. 从总办公厅前绕过，驻足拍照并停留，似乎是在搜索相关资料；
4. 从操场周边小路绕过，过程中打电话；
5. 进入并沿着操场散步，看着操场上娱乐运动的其他人，神色愉悦。

图 12-18　娱乐放松人群跟踪流线图（续）

- 场地状况

1. 整体主要交通干道平整宽阔，在纪念碑大草坪处的视线通透，景色优美；

2. 过程中没有机动车出现，在主要交通干道上有少量非机动车，校内交通对第一次进入校园的人来说不会造成太大影响。

- 个人评价

1. 被观察者四处环视，时不时停留拍照，无明确目的性，有绕小路的行为，可推测出她是校外参观人员；

2. 通过被观察者停留拍照的地点推测出，百年校庆纪念碑大草坪、总办公厅、操场这几处地方对第一次来校区的参观人员吸引力大；

3. 可以发现第一次来校区的参观人员由于对校园不熟悉，容易绕小路。

12.8.5　上海交通大学徐汇校区跟踪实验法（3）——目的性人群

- 样本信息

对象：环卫工人

年龄：50+岁

性别：男

目的：环卫处

路线：包兆龙图书馆→操场旁→环卫处

跟踪时长：21分钟

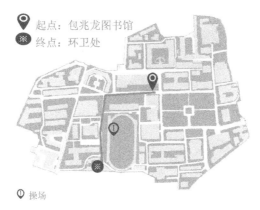

起点：包兆龙图书馆
终点：环卫处

操场

1. 在包兆龙图书馆前打扫；
2. 打扫完图书馆前区域后，沿着操场旁的路，一路打扫落叶；
3. 绕到操场后的环卫处倾倒垃圾。

图 12-19　目的性人群跟踪流线图

- 场地状况

1. 包兆龙图书馆前是高大的梧桐树，道路宽敞，较为干净；

2. 操场旁的道路连接包兆龙图书馆前的大路，路上落叶较多；

3. 环卫处处于操场后方较为偏僻的角落，面积较小，形状狭长，但功能较为齐全。

- 个人评价

1. 在包兆龙图书馆前被观察者神态自然，并不着急，自然拐入操场旁的道路，猜测对道路熟悉，路线固定；

2. 环卫处可直达大门，工作流程顺畅。

12.8.6　跟踪实验法人群总结

通过对不同人群较典型人物的跟踪记录，小组成员初步归纳出了三大人群的以下特点。

- 维持日常生活人群

1. 以校内学生为主，活动范围较固定，所选择的活动面积较小；

2. 对校园熟悉，追求方便，基本会倾向于选择最快、最便捷的路线，但由于目的性没有那么强，路线选择会因为追求体验的丰富性而改变；

3. 对场地环境追求安全与便捷，也存在对舒适度的需求，但不是很高。

- 娱乐放松人群

1. 包含了校内人员和校外人员，行为动机不明确，活动范围大致集中在生活区；

2. 选择交通路线时，在安全的基础上，会倾向于更加舒服的路线，体验享受的感知比重大。

- 目的性人群

1. 学生：学生上课路线比较固定，会选择最便捷、最快速的路线，对校园熟悉度高，熟悉范围广；

2. 老师：一般会出现在主要交通干道，以及地下停车库的出入口，对学校有一定的熟悉度，但不是很高，熟悉面积集中在教学区和主要交通干道上；

3. 环卫工人：有固定的负责清洁的区域，在校园内的行动范围和行动路线比较固定，对负责清洁的范围熟悉度更高；

4. 校外人员：动机明确，但对校园比较陌生，在路线选择上，会容易绕小路。

12.9 访谈法

跟踪法可以帮助我们了解对象的行为流程，但是由于样本有限，无法了解更多的同类人群的行为情况。所以需要通过访谈法来补充了解。从不同的人群中选择一定数量的样本，对他们进行采访，然后把对整个人群的描述补充完整。

12.9.1 准备阶段

该阶段，小组成员根据 6W 法进行问题设置和回答总结，并且在提问时尽量减少提问者的问题引导性，以求访谈对象的回答更加客观，从而了解他们对于上海交通大学徐汇校区的真实感受和校区内可以再完善的地方。

12.9.2 执行阶段——目的性人群

该阶段，小组成员来到上海交通大学徐汇校区进行实地采访。以下为选取的一例目的性人群样本的采访内容。剩余采访内容详见附录。

- 样本信息

性别：女

年龄：20+岁

身份：研二学生

地点：新上院

- 采访内容

A1：你平时学习的话都去哪里呢?

Q1：我现在一般就是去上图书馆自习，也去实验室做实验什么的，研一的时候去工程馆比较多，现在就不怎么去了。

A2：你一般怎么去这些地方呢?

Q2：大部分步行就可以了，有时候也会骑车，因为我觉得真的挺近的，走过来我大部分时间也比较悠闲。

A3：看来你对步行这个方式还是比较满意的吧?

Q3：对的，现在暂时没有其他想法。

A4：那你骑车的时候走学校里这些路都还方便吗?

Q4：我觉得网球场旁边那一段路就有点不方便，因为它是铺的地砖，就很颠簸，其他路都还好，也挺方便。

A5：你平时学习的时候会有什么人来打扰吗? 校园里外来人员似乎也不少的。

Q5：还好吧，他们一般也不会进到教学区域。

- 6W 总结

Who：目的性人群——学生

When：工作日

Where：教学区

What：去自习

Why：完成学习目的

How：交通方便，无人打扰

- 问题发现

网球场周边的铺砖路导致自行车行驶颠簸。

| 12.9.3　分析阶段

该阶段，小组成员将采访得来的信息进行整合，将三种人群与相对应的 6W 信息制成表格，并分析总结了在上海交通大学徐汇校区内，三类人群各自的问题和提议。

表 12-1　三类人群访谈结果 6W 总结表

	Who	Where	When	What	How	Why
目的性人群	学生	教学区	学习时段	学习		完成学习目的
	教职工	教学区、各自负责的工作区	工作时段	工作	交通方便,绝大多数时段无人打扰	完成教学目的
	校外参访人员	任意区域	任意时段	浏览参观		完成参观目的
维持日常生活人群	用餐人群	生活区	用餐时段	进餐	食堂方便,无人打扰;全家便利店较远,会被打扰	满足饮食需求
	拿快递人群	生活区	任意时段	拿快递	快递点离宿舍较远,打扰较少	维持日常生活需求
娱乐放松人群	运动人群	运动区	固定时段	运动	高峰时段会被打扰	进行娱乐放松
	遛娃人群	运动区	较随意	遛娃放松		

- 目的性人群的问题:网球场周边的铺砖路导致自行车行驶颠簸,车库地带视野不开阔导致空间有些限制,第一次来参观的人员对校园不太熟悉,易绕小路。

由此分析得知，此类人群对于交通细节的要求较高，如路面平坦度、视野开阔度、对校园交通的熟悉度。

- 维持日常生活人群的问题：全家便利店离宿舍较远且路途曲折，菜鸟驿站离宿舍较远。由此分析得知，此类人群对于周边设施便于到达的程度的要求较高。
- 娱乐放松人群的问题：季节气候导致室内运动场地紧缺，高峰时段场地使用者增多，上下班堵车。由此分析得知，此类人群对于场地的设施和人流量要求较高。

12.10

同类型场地比较

借助同类型场地比较，能更加直观地发现调研场地本身的特性。小组成员选择了同类型的大学，以线下案例和线上案例相结合的方式，与上海交通大学徐汇校区进行比较分析。

12.10.1 线下案例比较——上海大学延长路校区

如图 12-20 所示，通过对周边区位条件的分析和对比，能发现上海交通大学徐汇校区周边公交站点较少，多数地铁口离校门较远，出行交通不便，且周边中小学较多，易在高峰时段引起交通主干道拥堵。此外，上海大学延长路校区周边商业区较少，校园对外来人员的管理会更加方便，而上海交通大学徐汇校区周边商业区相对密集，除居民以外的外来人员数量较多，会对校园管理造成一定影响。

校区对比	所属区县		轨道交通路径		公交站点分布
交通大学徐汇校区	徐汇区	徐家汇	地铁11号线、10号线、1号线，围合	236667m²	较少
上海大学延长路校区	静安区	大宁商业广场	地铁1号线，单边	73006m²	较多

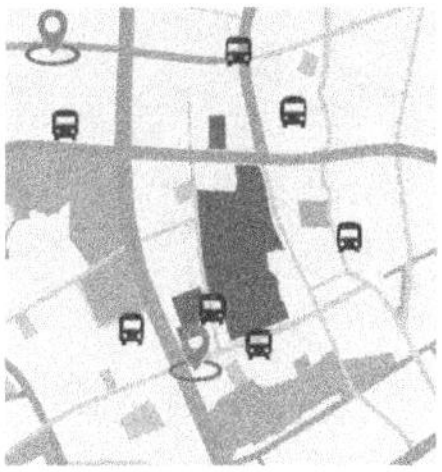

图 12-20 上海交通大学徐汇校区与上海大学延长路校区区位对比图

在功能分区上，上海交通大学徐汇校区和上海大学延长路校区的主要功能区均可分为五块。上海交通大学徐汇校区有集中的配套服务设施，各功能分区划分更为清晰、理性，校内生活路线较单调；而上海大学延长路校区拥有校企商务类建筑，各功能分区穿插交织，变化较多，对于年轻群体而言丰富的路线或许更具吸引力。如图 12-21 所示。

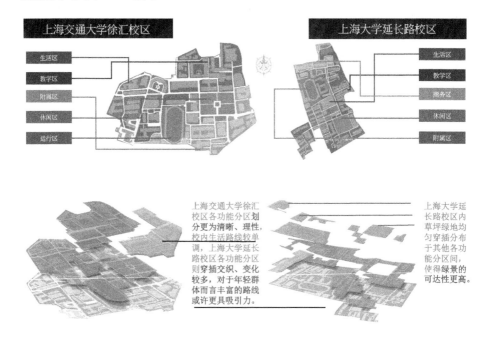

图 12-21 上海交通大学徐汇校区与上海大学延长路校区功能分区对比

由于同为高校类型的场地，上海交通大学徐汇校区和上海大学延长路校区的维持日常生活人群基本一致。对比两所大学娱乐放松人群的行为占比，上海交通大学徐汇校区内参观游览的人数更多，可见上海交通大学徐汇校区的校园开放程度要高于上海大学延长路校区，对普通民众更有吸引力。

此外，上海大学延长路校区的目的性人群与上海交通大学徐汇校区产生了一些差异：

（1）由于上海大学延长路校区设有电影学院等传媒类学院，所以增加了带着目的性去拍摄、学习的人群。

（2）上学大学延长路校区的行政功能没有上海交通大学徐汇校区强，所以前来交流学习、参加活动与会议的校外人员数量要更少。

（3）结合上海大学延长路校区周边交通、附近区域类型以及校门设置来看，从学校内抄近道的人应该比较罕见，甚至没有。

12.10.2 线上案例比较——韩国延世大学、日本东京大学本乡校区

在线上案例的搜集过程中，小组成员将搜索范围扩大到世界高校，最终选择了韩国延世大学和日本东京大学本乡校区。这两所大学与上海交通大学徐汇校区同为亚洲地区的高校，大学国际排名均在前列且学校面积相近，同类型对比的意义更大。

对比上海交通大学徐汇校区和韩国延世大学、日本东京大学本乡校区的区位条件，能发现上海交通大学徐汇校区的出行交通条件并不便利，周边公交车站和地铁口的设置太分散。此外，由于上海交通大学徐汇校区的选址位于市中心，周边绿地休闲区太少，周边居民会选择进入学校游玩，这或许会对校内管理产生一定影响。

相比之下，韩国延世大学和日本东京大学本乡校区在区位条件上更有优势。韩国延世大学和日本东京大学本乡校区在主要交通道路上开了很多校门，可以有效分散人流。并且这两所高校周边的公交车站、地铁站离各个校门距离较近，更方便出行。韩国延世大学和日本东京大学本乡校区附近还有较大面积的绿地休闲区，这既方便了校内人员游玩散心，也在一定程度上分散了周边居民中想要休闲娱乐的人群。

对比上海交通大学徐汇校区与韩国延世大学、日本东京大学本乡校区的功能分区，可以发现如下情况：

（1）上海交通大学徐汇校区的休闲区过于集中，整体绿化不够优美。

（2）上海交通大学徐汇校区校内道路笔直且功能区划分明晰，太过理性，缺乏新意，学生出行路线单一，人流量在高峰时期难以被分散。

（3）上海交通大学徐汇校区生活区与附属区联系不够紧密，易造成一定程度的不便。

（4）上海交通大学徐汇校区对周边居民的服务功能性还不够强。

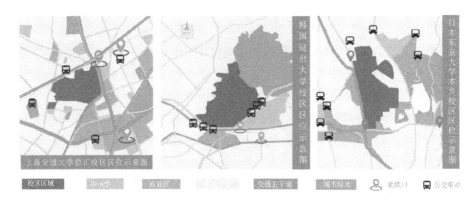

图 12-22   上海交通大学徐汇校区与韩国延世大学、日本东京大学本乡
校区区位对比图

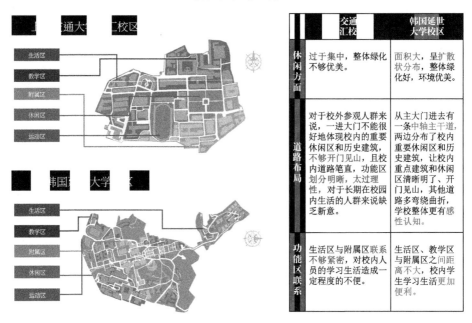

	交通汇校	韩国延世大学校区
休闲方面	过于集中，整体绿化不够优美。	面积大，呈扩散状分布，整体绿化好，环境优美。
道路布局	对于校外参观人群来说，一进大门不能很好地体现校内的重要休闲区和历史建筑，不够开门见山，且校内道路笔直，功能区划分明晰，太过理性，对于长期在校园内生活的人群来说缺乏新意。	从主大门进去有一条中轴主干道，两边分布了校内重要休闲区和历史建筑，让校内重点建筑和休闲区清晰明了、开门见山，其他道路多弯绕曲折，学校整体更有感性认知。
功能区联系	生活区与附属区联系不够紧密，对校内人员的学习生活造成一定程度的不便。	生活区、教学区与附属区之间距离不大，校内学生学习生活更加便利。

图 12-23   上海交通大学徐汇校区与韩国延世大学功能分区对比

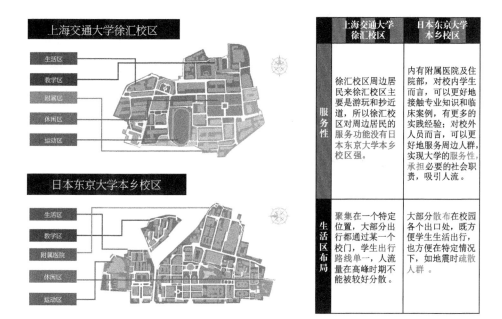

	上海交通大学徐汇校区	日本东京大学本乡校区
服务性	徐汇校区周边居民来徐汇校区主要是游玩和抄近道，所以徐汇校区对周边居民的服务功能没有日本东京大学本乡校区强。	内有附属医院及住院部，对校内学生而言，可以更好地接触专业知识和临床案例，有更多的实践经验；对校外人员而言，可以更好地服务周边人群，实现大学的服务性，承担必要的社会职责，吸引人流。
生活区布局	聚集在一个特定位置，大部分出行都通过某一个校门，学生出行路线单一，人流量在高峰时期不能被较好分散。	大部分散布在校园各个出口处，既方便学生生活出行，也方便在特定情况下，如地震时疏散人群。

图 12-24　上海交通大学徐汇校区与日本东京大学本乡校区功能分区对比

12.11 用户画像

根据三类人群的行为特征，小组成员进行了用户画像绘制，为每一类人群选择并预设了一个合适的用户角色，并进行分时段行为编写。这里以维持日常生活人群为例，如图 12-25，结合此用户角色的主要活动区域、活动时间段和具体行为，形成一天的行为脚本。通过对用户画像的绘制，可以进一步明确此类人群的需求，从而发现并探索环境艺术设计的优缺点。

 维持日常生活人群

年龄：23岁

身份：上海交通大学研究生

场地使用频率：每天

主要活动区域：生活区、教学区、运动区

 用　 户　 需　 求

➡ 完善的维持日常生活的校园设施

➡ 舒适平坦的道路地面

➡ 生活区附近有便利的商店等

7:00 新的一天开始，X从宿舍的床上醒来，整理和洗漱后，他背着电脑包，拎着垃圾从宿舍楼悠悠走出。

离开宿舍楼，X将手中的垃圾丢在公共垃圾桶内。缓慢走在绿树成荫的小道上，早晨的校区路上人比较少。由于时间充裕，进入第二食堂，大约15分钟后，吃完早餐的X满足地离开食堂。

X稍微加快了步伐，好在第二食堂距离图书馆很近，柏油路舒适平坦，他快步刷卡走进图书馆。

时间到了中午，X迅速收拾自己的笔记本电脑，匆匆离开图书馆，奔入不远处的第二食堂。排队用完午餐后，X进入宿舍进行短暂的午休。

午休结束后，他又背着书包进入图书馆开始了下午的学习。大**19:00** 约5小时后，X走出图书馆，天已经暗了，只有零零散散的人离开食堂，他穿过大草坪内的小道，直接进入全家便利店，买了一些速食打发了晚餐。

吃完了晚餐，X打开手机开始看娱乐视频。在全家便利店享受了一个半小时的休闲时光后，他看了看手机上显示的运动校园，叹了一口气，从便利店货架上买了一瓶水，绕着草坪旁的小道，**20:30** 从网球场的小路抄近道，悠悠走进操场，跑步的人有点多，X开始了跑步运动。

20分钟过去了，X气喘吁吁地从跑道上下来，满足地在手机上录入自己的锻炼成绩，猛喝一大瓶水，边散步边调整，第二食堂和执信西斋前有很多散步的人，渐渐地宿舍楼出现在眼前，他慢爬上楼，盘算着合适的排队洗澡时间。看着楼梯口的快递盒，若有所思："明天一定记得去图书馆后面的菜鸟驿站拿快递！"

图 12-25　维持日常生活人群的用户画像

12.12 分群 6W 分析

根据前期做过的一系列调研分析，将其归纳整合，列出相应的调研依据，然后分别对三类人群进行 6W 特性总结，进一步明确人群行为与场地之间的联系。

Who：谁在使用该场地？他们的具体身份有哪些？

Where：此类人群主要活动的区域和地点在哪里？

When：通常发生活动的时间是什么？高、低峰时期大致在什么时候？滞留时间大约有多久？

What：此类人群具体会有哪些行为活动？

Why：产生这些行为活动的原因是什么？有什么目的？

How：此类人群内不同身份的用户之间的关系，是相互促进还是相互限制？此类人群是否会受到另外两类人群的影响？

12.12.1 分析过程

在初步调研阶段，小组运用了多种设计调研手法得到了一些结论。根据 6W 的标准，小组对前期分析结果进行了信息筛选和提取，这样就可以进一步有依据地明确上海交通大学徐汇校区三类人群的定义。

这里以维持日常生活人群为例展示分析过程，如图 12-26 所示。小组筛选出了活动注记、跟踪实验法、痕迹法、访谈法等一系列前期调研结果中，与维持日常生活人群 6W 相关的信息和证据，以此明确和概括此人群的 6W 定义。

图 12-26 维持日常生活人群 6W 分析图

12.12.2 6W 总结

（1）维持日常生活人群

Who：此类人群主要为老师和学生。

Where：主要集中在生活区的宿舍、食堂。

When：此类人群一般 8 点出现，21 点左右减少，每个时间段持续 4 个小时左右。

What：行为是移动、饮食、休憩、扔垃圾、拿外卖或快递。

Why：行为的产生主要是为了吃饭、居住、抄近道和教课。

How：此类人群内老师和学生的行为几乎没有相互影响的直接关系；此类人群中的学生，偶尔会受到娱乐放松人群中参观人员的轻微影响。

（2）娱乐放松人群

Who：此类人群分校内人员与校外人员，校内人员以学生为主。

Where：主要集中在运动区的操场、休闲区的大草坪。

When：此类人群人数在周末期间要明显比工作日同时段的多，工作日内 16 点至 18 点为休闲区人流高峰时期。

What：行为是使用手机、散步、聊天。

Why：行为的产生主要是为了消磨时光、舒缓工作和学习压力。

How：此类人群的行为几乎没有对环境效率性的要求，受其他、同类人群影响不大。

（3）目的性人群

Who：此类人群主要为学生、老师、职工，校外人员较少。

Where：学生、老师和校外人员主要集中在教学区和生活区，职工分布分散。

When：学生、老师在上下课和饭点多频出现，校外人员只在特定的开会时间段内不定期出现，职工会在上班时间出现。

What：学生——学习、参加活动、接待、运动；

　　　　老师——教学、接待、运动；

　　　　校外人员——交流学习、参加活动、送外卖、经过学校抄近道；

　　　　职工——完成本职工作。

Why：此类人群在校内的不同行为都带有明确且强烈的目的性。

How：此类人群中的学生、老师、职工、校外人员之间互相影响较小。

12.13 问题发现

12.13.1 区位

　　上海交通大学徐汇校区由于位于上海市中心，在区位方面存在明显的优缺点。优点：市中心基础设施完备，交通便捷，信息交流快。缺点：受区位限制，校园内绿化面积少；人流密度大，周边交通不畅；校外人员复杂，管理难度大；大门数量少，人流疏通度不够。如图 12-27 所示。

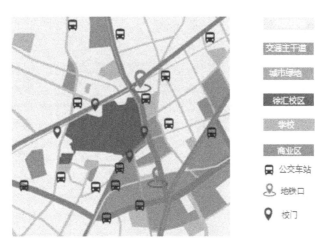

图 12-27　上海交通大学徐汇校区区位分析图

12.13.2　功能分区

（1）各功能分区相对集中，容易使在校时间长的师生觉得乏味，且校园内休闲区面积较小，附属区距离生活区远，出行不便。

（2）校园建筑使用率分布与高峰时期人群行为密度分布相吻合，整个校区人群密度最大的区域为西北部，集中在宿舍、食堂、包兆龙图书馆等教学区，由于这些区域相距较近、在一个大区域里，所以人群密度高，高峰时期会拥挤。如图 12-28 所示。

校园建筑使用率密度分布

高峰时期人群行为密度分布

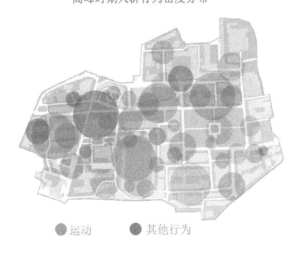

●运动　　●其他行为

图 12-28　上海交通大学徐汇校区校园建筑使用率分布与高峰时期

人群行为密度分布图

12.13.3 分群空间

不同人群对于使用空间的需求不同，通过分析各类人群的分布区域以及访谈调研结果得知，上海交通大学徐汇校区的分群空间存在一定不足，如图 12-29 所示。

维持日常生活人群：路线固定单一，一成不变的路线易使年轻一代感到缺少新意。

娱乐放松人群：休闲区与教学区存在重合，娱乐人群与教学区师生动线易重合，从而造成一定影响。

目的性人群：校外参观人员途中会进入教学区或者生活区，对其他人群造成影响。

各类人群主要分布区域

维持日常生活人群   娱乐放松人群   目的性人群

维持日常生活人群：生活区

娱乐放松人群：休闲区与运动区

目的性人群：教学区与生活区（职工分布分散）

图 12-29 上海交通大学徐汇校区各类人群主要分布区域图

12.13.4　细节问题

校园内存在许多细节方面的问题:

(1)生活区中的宿舍附近存在许多废弃小路,失去原有设计意义;

(2)生活区基本设施的设置存在不足,便利店距离较远,路面垃圾桶数量缺乏,对师生日常生活造成影响;

(3)运动区健身器材数量不足,缺乏物品存放处;

(4)校园内道路磨损严重,存在安全隐患。

如图 12-30 所示。

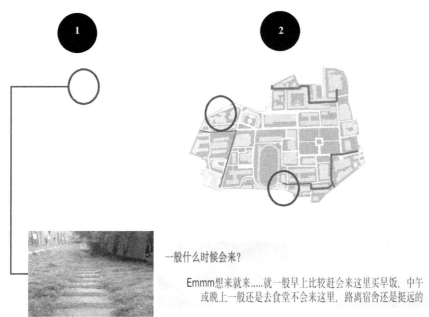

图 12-30　上海交通大学徐汇校区细节问题分析图

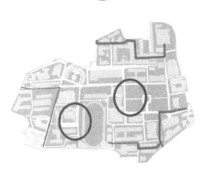

如果这个操场有改造的话，您有什么建议吗？

操场本身挺好的，就是有时候人多的时候有点拥挤，希望可以开拓一些其他的片区，增加一些器材，稍微有点少。

不足：操场内部的健身器材较少，运动较小，对于娱乐放松人群来说，使用感较差，不能够获得最佳体验。
操场内设置的休憩区域太小，没有存包处或物品存放点，不太方便学生运动时存储物品。

不足：宿舍和学生服务中心周边的道路凹凸不平，道路磨损较为严重，不适合自行车和人的行走，很容易摔跤。

图 12-30　上海交通大学徐汇校区细节问题分析图（续）

参考文献

［1］白新蕾. 准备性调研及其在设计过程中的价值体现[J]. 参花（上），2019（04）：106.

［2］宗诚. 设计立意在设计调研阶段的构思与价值体现[J]. 美术大观，2017（04）：130-131.

注：本篇所有没有标注的图片，均由作者们自制。

 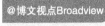 

反侵权盗版声明

电子工业出版社依法对本作品享有专有出版权。任何未经权利人书面许可，复制、销售或通过信息网络传播本作品的行为；歪曲、篡改、剽窃本作品的行为，均违反《中华人民共和国著作权法》，其行为人应承担相应的民事责任和行政责任，构成犯罪的，将被依法追究刑事责任。

为了维护市场秩序，保护权利人的合法权益，我社将依法查处和打击侵权盗版的单位和个人。欢迎社会各界人士积极举报侵权盗版行为，本社将奖励举报有功人员，并保证举报人的信息不被泄露。

举报电话：（010）88254396；（010）88258888

传　　真：（010）88254397

E-mail：　dbqq@phei.com.cn

通信地址：北京市万寿路 173 信箱
　　　　　电子工业出版社总编办公室

邮　　编：100036